XING SHENGCHAN JISHU

杏生产技术

亚合甫·木沙　席万鹏 ◎ 编著

参编人员　古力米热·吾买尔
　　　　　吐尔逊·阿布拉
　　　　　热沙来提·买买提
　　　　　王杰珺
　　　　　热娜古丽·买买提
　　　　　阿力同其米克
　　　　　热洋古丽·木沙
　　　　　热汗古力·艾拜布拉
　　　　　热衣来·米吉提
　　　　　孙红艳
　　　　　吕慧捷
　　　　　马　萍
　　　　　佐热古丽·伊力哈木
　　　　　张晓东

西南师范大学出版社
国家一级出版社　全国百佳图书出版单位

图书在版编目(CIP)数据

杏生产技术 / 亚合甫·木沙，席万鹏编著. -- 重庆：西南师范大学出版社，2017.3
ISBN 978-7-5621-8667-0

Ⅰ.①杏… Ⅱ.①亚… ②席… Ⅲ.①杏-果树园艺 Ⅳ.①S662.2

中国版本图书馆CIP数据核字(2017)第053980号

杏 生 产 技 术
XING SHENGCHAN JISHU

亚合甫·木沙　席万鹏　编著

责任编辑：	胡君梅
装帧设计：	汤　立
排　　版：	重庆大雅数码印刷有限公司·吴秀琴
出版发行：	西南师范大学出版社
地　　址：	重庆市北碚区天生路2号
网　　址：	http://www.xscbs.com
邮　　编：	400715
经　　销：	全国新华书店
印　　刷：	重庆市国丰印务有限责任公司
开　　本：	720mm×1030mm　1/16
印　　张：	13.75
插　　页：	8
字　　数：	275千字
版　　次：	2017年3月　第1版
印　　次：	2017年3月　第1次印刷
书　　号：	ISBN 978-7-5621-8667-0
定　　价：	45.00元

前言

我们在借鉴新疆主要杏产区的成功经验,在生产一线和科研院所的专家的指导下,结合新疆的气候、土壤条件编写了这本教材,以供新疆地区广大高职学生阅读和参考。

教材以杏生产岗位特点,以学生职业能力培养为目标,以工学结合为切入点,按照职业性、实践性、开放性的要求,在与行业企业专家、生产一线技术人员共同对职业岗位和生产过程分析的基础上,开发与设计基于生产过程为导向的教材结构,构建与人才培养目标相一致的、以工学结合为特征的专业教材。

由于杏是新疆维吾尔自治区巴音郭楞蒙古自治州林果业发展的重点树种,杏种植企业遍布巴音郭楞蒙古自治州各县乡,不仅有实现"教、学、做"一体化教学应具有的实训条件,而且有富有实践经验的行业企业专家做兼职教师。因此,我们按照以生产过程为导向的课程开发思路,把杏作为核果类果树生产技术教学的典型树种,通过对"杏生产技术"课程学习及学习内容迁移,完成核果类果树生产教学。

在教学内容的选取上,"以杏生产过程为导向",根据杏生产特点,依据杏生产过程及生产内容,以项目教学、任务驱动的形式,将教学内容分为杏生物学特性,杏苗木培育,果园建立,杏开花、果实发育和新梢生长期管理,果实采收及采收后管理,休眠期管理和杏树主要灾害的防控技术管理等7个教学项目、23个工作任务。每一项目由项目目标、若干工作任务、技能训练等部分组成,实现"教、学、做"一体化教学,即理论教学和实践教学二合一的一体化教学。教学学时根据杏生产的具体任务需要而定,建议教学课时60~70学时,以保证学生掌握扎实的操作技能。

为满足高职学生第一线就业岗位的需求,本教材由若干观察记载、调查分析、识别诊断、技术操作、技能训练等实训形式为主的基本工作任务组成。工作任务包括学习目标、材料准备、知识基础、技能训练、技能考核等部分，使学生从感性现象入手，通过实践训练认识果树，发现规律，形成综合能力。由于书中提供的所有技术，特别是肥料、农药的用量和浓度，会随使用对象、环境条件的差异而变化，因此，应结合当地实际灵活应用，严格按所购农药及肥料等生产资料的使用说明书操作。

本教材由亚合甫·木沙、席万鹏编著，本书编写过程中，得到了巴音郭楞职业技术学院的大力支持和帮助。本书编写中曾参考过许多单位和个人的有关文献资料，在此一并致谢。

由于编写时间仓促，编者水平有限，教材中难免存在问题和不足，恳请各校师生在使用过程中提出批评意见，以便进一步修改和完善。

编者

2017年1月

目录
CONTENTS

项目 1

杏生物学特性 ················ 1
- 任务 1.1 杏的分类和品种识别 ················ 2
- 任务 1.2 杏的主要器官及其生长发育特性观察 ················ 12
- 任务 1.3 杏生命周期性的认识 ················ 30
- 任务 1.4 杏生长发育环境调查 ················ 33

项目 2

杏苗木培育 ················ 39
- 任务 2.1 砧木苗的培育 ················ 40
- 任务 2.2 嫁接苗的培育 ················ 49
- 任务 2.3 苗木出圃与分级标准 ················ 59

项目 3

建园与定植技术 ················ 66
- 任务 3.1 园地规划与设计 ················ 67
- 任务 3.2 苗木的定植 ················ 77

项目 4

杏开花、果实发育和新梢生长期管理 ················ 82
- 任务 4.1 土壤管理 ················ 84
- 任务 4.2 追肥和灌水 ················ 90
- 任务 4.3 提高杏坐果率的措施 ················ 97
- 任务 4.4 晚霜冻及其预防方法 ················ 104
- 任务 4.5 生长季修剪 ················ 112

CONTENTS

项目 5	**果实采收及采收后管理** ……………………………… 119
	任务 5.1 果实采收与贮运 ………………………… 120
	任务 5.2 杏果的加工 ……………………………… 127
	任务 5.3 秋施基肥 ………………………………… 139

项目 6	**休眠期管理** ……………………………………………… 143
	任务 6.1 杏树修剪的时期与方法 ………………… 144
	任务 6.2 杏树主要树形和整形 …………………… 152
	任务 6.3 杏树不同树龄时期和各类树形修剪要点 … 159

项目 7	**杏树主要病虫害及灾害的防控技术** …………… 174
	任务 7.1 虫害的识别与防治技术 ………………… 175
	任务 7.2 病害的识别与防治技术 ………………… 192
	任务 7.3 其他灾害防治技术 ……………………… 200

参考文献 ………………………………………………………… 209

项目 1　杏生物学特性

✥ 项 目 目 标 ✥

知识目标

1. 掌握新疆主栽杏品种的种类和特性。
2. 熟悉杏主要器官的生长发育特征、作用、性质及其关系；能用杏枝芽特性解释生长发育现象。
3. 了解杏主要器官各年龄时期的特点。
4. 了解杏生长发育与生态环境之间的辩证统一关系。
5. 熟悉杏生长发育要求的环境。

能力目标

1. 能够识别优良的杏品种,为果园管理奠定基础。
2. 能够运用杏生长发育知识对杏进行科学管理。
3. 观察杏各生命周期的特点,掌握周期内各时期管理要点。
4. 能够进行杏树的物候期观察记载。

素质目标

培养科学严谨的工作态度和吃苦耐劳的工作精神。

任务1.1 杏的分类和品种识别

知识目标

掌握新疆主栽杏品种的种类和特性。

能力目标

能够识别优良的杏品种,为果园管理奠定基础。

基础知识

一、新疆杏的种类

杏属(*Armeniaca* Mill.)植物主要有四个种,即普通杏(*Armeniaca vulgaris* Lam.)、西伯利亚杏[*A.sibirica*(L.)Lam.]、辽杏[*A.mandshurica*(Maxim.)Skv.]和紫杏[*A. dasycarpa*(Ehrh.)Borkh.]。其中,普通杏具有较大的利用价值,西伯利亚杏、紫杏和辽杏食用价值较低,一般作为绿化树种和砧木使用。

1.普通杏

原产于我国西北和华北地区,有栽培种和野生种。世界上的栽培品种绝大多数属本种,新疆野生杏也属于本种。新疆栽培种广泛分布在南北疆地区,为落叶乔木,一般树高5～10 m,树皮暗灰褐色,一二年生枝条红褐色,无毛;叶形状为宽卵形或者卵圆形,长4～10 cm,顶端渐尖,基部圆形或者心形,边缘具有圆钝锯齿,叶片无毛或者仅在叶腋间有毛;叶柄长2.0～3.9 cm。花先于叶开放,单生,白色或粉红色;子房有细毛或者无毛;果实卵圆形或者近圆形,带黄色或红晕;果面光滑或有细茸毛;核扁圆形或者扁椭圆形,平滑,仁甜、苦或者微苦。

野生种主要分布于伊犁州霍城县的大西沟和新源县的山区,海拔为1000～1400 m 的前山地带。野杏果实小,一般在20 g 以下,大者可在40 g 以上,肉质多苦涩,仁苦,也有质量较好者。果实可直接食用或制干。该种树可作栽培杏的砧木或育种材料。

2. 西伯利亚杏

别名蒙古杏。原产于我国东北和内蒙古东南部地区,现分布于东北和华北各地。落叶灌木或者小乔木,一般树高2~3 m,花粉红色或者白色,子房有短茸毛;果实球形,黄色常带红晕,种仁苦,果实不能食用。由于该种的抗逆性很强,可作栽培杏的砧木或育种材料。

3. 紫杏

又称杂种杏、黑杏和李杏,可能是普通杏和樱桃李的杂交种。主要分布在南疆叶城、库尔勒、伊犁等地,仅在少数果园中栽培,为落叶乔木,一般树高5~7 m,果实圆球形,果柄细长,12~15 g,果实果皮紫红被细短茸毛,或浅黄色阳面略带红晕无毛;果肉黄白色,肉软多汁,风味酸甜;粘核,核圆形,表面平滑,甜仁。

4. 辽杏

别名东北杏,分布于我国东北部及朝鲜。果实近球形,黄色,阳面有红晕或红点,果肉薄,不堪食用,离核。种仁味苦,稀甜。耐寒性极强,可以作为栽培杏的砧木。

二、新疆杏主要栽培品种

根据研究,新疆的杏品种基本上可以划分为三个主要的地理生态品种群和若干地域性亚群,三个主要品种群即中亚品种群、准噶尔-外伊犁品种群和欧洲品种群。新疆杏的地方品种大多为中亚品种群,品种有百余个。新疆杏品种资源丰富,主要特点是丰产性强,多数品种果皮光滑无毛,含糖量高、含酸量低,果实肉质细腻、香气浓郁,且多数为甜仁。根据消费者的喜爱程度和栽培面积的比例、用途以及品种的代表性和特点,主要介绍以下几种。

1. 阿克西米西

又名库车小白杏,2005年通过新疆维吾尔自治区林木良种审定。原产于新疆库车,是阿克苏地区栽培的优良品种,现主要栽培于库车县、轮台县等地。本品种还有大阿克西米西、黄阿克西米西等优良品系。

树冠圆头形,树姿开张,长势较旺。主干皮块状裂,粗糙,暗灰色;枝条密,有光泽,褐色,无茸毛;多年生枝赤褐色,皮孔大,近圆形。春季嫩梢红色,花芽圆锥形,花5瓣,粉红色,花柱和子房无毛。叶片卵圆形,叶色淡绿,无光泽,叶面平展,叶缘单锯齿。

果实椭圆形,平均单果重18.8 g;果实纵径3.4 cm,横径3.1 cm,侧径3.0 cm(如彩图1所示)。果顶尖圆。缝合线浅而明显,果皮黄白色,果面光滑无茸毛。果实有香气,可溶性固形物含量高,可达21.7%,品质上等。果实离核,果核壳薄,出仁率32.6%,果仁香甜、饱满,干仁均重0.4 g,果实不耐贮运,常温下果实可贮放5~7天。

在库车、轮台一带3月中下旬萌芽,3月底至4月初开花,4月中旬展叶。6月中下旬果实成熟,果实发育期77天,11月上旬落叶。定植3年后开始结果,10年进入盛果期,单株产量可为50~100 kg,有隔年结果习性,经济寿命可为70~80年。

该品种树势强健,开花多而繁盛,丰产性强,以花束状果枝结果为主,自花不实。由于果实含糖量高,适合于鲜食和制干,其果核可加工成开口杏核,是鲜食、制干与仁用兼用的优良品种。由于该品种自花不实,栽培时要注意配置授粉树,同时应注意对杏仁蜂的防治。

2. 赛买提

2005年通过新疆维吾尔自治区林木良种审定。盛产于新疆英吉沙县,新疆南疆各杏产区均引入栽培,是新疆栽培面积最大的杏品种。

树冠偏圆形或半圆形,树姿开张。主干树皮条状裂,灰褐色。一年生枝较粗,斜生,阳面紫红色。叶片卵圆形,长5.5 cm,宽4 cm,基部楔形;叶尖短突尖;叶柄紫红色,长2 cm,叶色绿;叶缘锯齿钝、中粗、不整齐,为单锯齿。

果实椭圆形,平均单果重28 g;果实纵径3.7 cm,横径3.5 cm。果顶偏斜凹;缝合线明显;片肉不对称;果皮底色为橙黄色,着片状红晕;果面光滑无毛;肉质细腻,纤维含量较高;汁中多,味甜,微香,含可溶性固形物18.6%,离核;品质佳(如彩图2所示)。

在新疆英吉沙县,3月底始花,4月上旬盛花,6月下旬果实成熟,果实发育期80~85天,为中晚熟品种,11月上旬落叶。该品种抗寒,抗旱,抗风力强。以短果枝和花束状果枝结果,丰产、适应性强,属优良的制干、制脯、制汁兼仁用品种。

该品种由于自花不实,栽培时要注意配置授粉树,授粉品种为白油杏、胡安娜,以及本品系中开花期相近的品种。

3. 黑叶杏

维吾尔语称卡拉尤布尔玛克玉吕克,2005年通过新疆维吾尔自治区林木良种审定。原产于新疆叶城,是当地的主栽品种,现已引入新疆其他杏产区试种。

幼树期树冠直立,成龄树半开张。主干树皮粗糙,条状裂,灰褐色。一年生枝粗壮,斜生。树冠较稀疏,枝条阳面紫红色,背面绿褐色,皮孔稀,近圆形,褐色较显著。花5瓣,粉红色。叶片卵圆形或圆形,基部宽楔形或圆形,叶尖短突尖;叶片长7.9 cm,宽6.1 cm,叶柄长3.4 cm;叶色深绿有光泽,背部全具灰色茸毛;叶缘锯齿浅、钝、不整齐,近先端多复锯齿;叶柄紫红色,较粗,有2~3个蜜腺。

该品种果实椭圆形,果实大,平均单果重38.5 g,最大果可达41 g。果实绿黄色,阳面有片状红晕,果面光滑,无茸毛。果实微具香气,可溶性固形物含量16.5%,半离核,果仁甜而饱满(如彩图3所示)。

在叶城4月初开花,4月中旬展叶,6月底至7月上旬果实成熟,果实发育期80~85天,10月底落叶。4年开始结果,12年进入盛果期。自然坐果率低,以短果枝结果为主。

该品种生长势强,树冠紧凑,丰产性中等,抗病性较强,耐瘠薄,极耐干旱。栽培中应注意开展角度。果实大,制干、制脯都适宜,是仁、肉兼用的优良品种。

由于该品种自花不实,栽培时要注意配置授粉树,授粉品种为胡安娜、赛买提、白油杏。

4. 佳娜丽

2005年通过新疆维吾尔自治区林木良种审定。由于实生繁殖的原因,佳娜丽有多种类型和名称,如穷佳娜丽、克孜佳娜丽、脆佳娜丽、玉木拉克佳娜丽、中熟佳娜丽等。新疆和田等地区均有栽培。

树势中庸,树姿开张,约25年生树高10.2 m,冠幅8.5 m×8.5 m,干周110 cm。4月初开花,6月初果实成熟,以短果枝结果为主。

果实圆形,平均单果重20.7 g;果实纵径3.5 cm,横径3.1 cm,侧径3.1 cm。果顶平,微凹,缝合线中深,明显,片肉对称;梗洼小、浅、广。果实底色绿白,有鲜红霞,果面光滑无毛,果皮中厚。果肉乳白,汁液中多,果实成熟均匀,风味甜;可溶性固形物含量22.0%。离核,核椭圆形,仁甜,饱满,平均鲜仁重0.6 g。为鲜食的优良品种(如彩图4所示)。

5. 策勒黄(黄胡安娜)

主产于和田策勒、墨玉等县,从当地农家品种中选出,2002年11月通过新疆维吾尔自治区品种登记。

树势中庸,树姿开张,适应性强,7月初果实成熟。该品种在山区表现好。

果实近圆形,纵径5.9 cm,横径5.5 cm,平均单果重43.3 g,最大果重60.7 g;果面黄色,无红晕,果皮被短稀茸毛;缝合线中深,两半对称或稍不对称。果肉浅黄色,肉质中等紧韧,汁液较多,味甜,含可溶性固形物21.6%,品质佳;离核,甜仁,饱满(如彩图5所示)。

盛花期4月上旬,6月下旬至7月初果实成熟。较丰产,连续结果能力强,抗病性较强,耐瘠薄,极耐干旱,是优良的鲜食、制干兼用品种。授粉品种为胡安娜、赛买提。

6.克孜尔库买提

分布于阿克苏地区各县、巴州轮台县等地。

树势中庸,树冠圆头形,树姿开张。主干树皮粗糙。约50年生树高4.2 m,冠幅5.2 m×4.0 m,干周80 cm。多年生枝皮孔小、密,近圆形。叶片卵圆形,叶基圆形,叶尖渐尖;叶长7.3 cm,宽5.3 cm,叶柄长3.6 cm;叶色浓绿,叶面平展;叶缘锯齿稀、锐尖。

果实圆形,平均单果重29 g,纵径3.8 cm,横径3.8 cm,侧径3.5 cm。果顶平圆;缝合线深,较明显,片肉对称;梗洼浅、广。果皮橙黄色,着紫红彩色,果面光滑,无茸毛,有密集的小果点;果皮中厚,强韧,难剥离。果肉橙红色;肉质细软,溶质,汁液多,纤维少,风味甜,微香;可溶性固形物含量22.5%,半离核,仁甜、脆、饱满、整齐(如彩图6所示)。

3月底至4月初开花,6月下旬成熟,果实发育期88天。以花束状果枝和短果枝结果为主。果实光亮美丽,品质中上,丰产,适应性强,为晚熟鲜食兼制干品种。

7.克孜朗

别名红杏子。分布于新疆莎车、叶城等地。

果实圆形,平均单果重27 g;果顶圆,缝合线浅,较明显,近梗部中深(如彩图7所示)。果皮橙黄色,果面有鲜红霞,果面光滑,无茸毛,果肉乳白色,汁液中多,风味酸甜,纤维少,含可溶性固形物16.0%,果实6月中旬成熟。核短椭圆形,纵径2.8 cm,横径2.6 cm,侧径1.5 cm。半离核,仁甜,饱满,以短果枝结果为主。果实整齐美观,品质上等,适宜鲜食、加工和制干。

8. 明星杏

别名阿克乔尔胖。2004年通过新疆维吾尔自治区林木良种审定。为新疆和田皮山县农家品种。

果实近圆形,纵径5.9 cm,横径5.5 cm,平均单果重达53 g,最大果可达71 g。果皮黄色,果面光滑;果肉黄白色,汁液中多,风味酸甜,可溶性固形物含量21.4%,离核,品质佳(如彩图8所示)。

4月上旬开花,7月初果实成熟。高大乔木,根系发达,能深入土壤深层,花为完全花,适应性强,极耐旱、耐盐碱,抗寒能力强,有较强的抗病虫能力。该品种树势中庸,树冠开张,丰产稳产。果实大,外观美,出干率高,是优良的鲜食兼制干、制脯品种。

为了保持树势健壮,防止流胶病发生,栽培中应注意适宜的定植密度(成片定植以每公顷495株为宜,行株距5.0 m×4.0 m;密植园可选用4.0 m×3.0 m的行株距,每公顷株数为840株)。做好整形修剪、肥水管理和产量控制。

9. 木格亚格勒克

别名慕亚格、木亚格等。2004年通过新疆维吾尔自治区林木良种审定。该品种为喀什疏附县塔什米力克乡地方优良中晚熟品种,现已引入南疆各地栽培。

自然树形为圆头形,枝条长势较为直立紧凑。幼树生长旺盛,新梢年生长量可超过2 m,在短时期内即可形成较大的树冠,盛果期后,以短果枝和花束状果枝结果为主,且质量好。自然坐果率4.96%。

果实长圆形,单果重平均36 g左右,最高可达50 g,可食率高,可达88%。纵径4.6 cm,横径3.9 cm,果柄长0.73 cm,果面金黄色,树体阳面所结果实的果顶带有红晕,果肉厚9.4 mm,果核小,果皮薄,肉质细腻,汁液少,含糖量高,可溶性固形物含量可达23.0%,制干率可达36%。品质极佳,是优良的制干品种(如彩图9所示)。

该品种产量高,主要用于制干,亦可用于鲜食。6月下旬成熟。整个南疆地区都可正常生长结果,但以山前地带为最佳适生区。

10. 阿克玉吕克

主要分布于和田地区。树冠自然开心形,树姿开张。主干粗糙,暗灰色。树势强,约20年生树高6.5 m,冠幅7.3 m×7.3 m,干周85 cm。6月20日左右成熟。

果实扁圆形,平均单果重23.6 g;果实纵径3.5 cm,横径3.5 cm,侧径3.3 cm。果顶微凹入;缝合线浅,明显,片肉对称;梗洼深、中狭。果皮底色橙黄色;果面无茸毛。果肉淡黄色;肉质软、松面,汁中多,味甜;成熟均匀;可溶性固形物含量21.5%;离核,核椭圆形,先端尖圆;仁甜,饱满。该品种适宜鲜食、制干(如彩图10所示)。

11. 树上干杏

又称吊树干杏、小全果,是伊犁河谷一带的野杏,主要分布在伊犁地区。

果实近圆形或阔卵圆形,平均单果重22 g;果皮橙黄色,果面有鲜红霞;顶部有乳突,果面具短茸毛。果皮较厚,果肉黄色,肉质松软,风味甜;可溶性固形物含量21.0%;离核,仁甜,饱满。该品种抗寒性较强,适合北疆逆温带种植。是适于鲜食、加工和制干的优良品种(如彩图11所示)。

12. 叶娜杏

该品种2010年通过新疆维吾尔自治区林木良种审定。分布于叶城伊利克其乡等地。

树姿开张,7年生树高4.0 m,冠幅2.0 m×2.0 m,自然开心形,树冠开张,树势中庸,一年生枝条阳面红色,稍柔软。夏梢平均生长量35.2 cm,节间长1.6 cm,叶绿色,卵圆形,叶宽5.8 cm、长8.2 cm,叶基平,叶尖渐突,叶缘锯齿密、锐,叶柄长3.4 cm,叶柄蜜腺1~2个。

果实较大,大小较不整齐,不规则椭圆形,平均单果重41.0 g,最大果重59.0 g;果实纵径5.3 cm,横径5.0 cm,侧径4.8 cm;果面光滑,无茸毛,底色黄色或绿黄色,部分果阳面有少量红晕。果实顶部凸起,果柄洼深;缝合线明显、浅,少数中深,两半稍不对称。果肉黄白色,肉色一致,肉软硬中等,汁液较多,风味甜,略有酸味,无香味,品质佳,含可溶性固形物19.2%~24.8%。离核,不对称椭圆形,核背向里收缩,核面较光滑,主核翼中等凸起,两侧翼稍凸出或中等凸出。仁甜,扁平,饱满。出干率25%,杏干平均重11.6 g,杏干浅灰色,饱满,柔软,味甘甜,品质佳。

适应性强,耐旱,抗寒,抗病能力较强。丰产性好,连续结果能力强。树形开张,幼树生长势强,大量结果后生长势中等。萌芽力强,成枝力中等;枝条较其他品种柔软;自花授粉结实率1.37%(中等),异花授粉结实率21.70%。开花期3月底至4月初,果实成熟期7月上旬。适合于鲜食和制干。

新疆杏品种十分丰富,除上述品种外,还有巴仁杏、皮乃孜(大白杏)、辣椒杏等新疆地方品种,以及从内地引进的金太阳、凯特、龙王帽等新品种。

巴仁杏 又名苏克牙格力克杏。该品种于2006年通过新疆维吾尔自治区林木良种审定,为阿克陶县地方品种(如彩图12所示)。

皮乃孜 也称大白杏,分布于新疆和田等地。果实不耐贮运,适宜鲜食及加工汁酱(如彩图13所示)。

辣椒杏 别名乐曼玉吕克或好麻玉吕克。原产于新疆库车,因其果实形状似辣椒故而得名,现分布于库车、轮台等地。仁甜,饱满,丰产(如彩图14所示)。

金太阳杏 果实发育期60天,成熟早,外观美丽,味甜,适于露地和保护地栽培。金太阳杏果实较耐贮运,也适宜设施栽培(如彩图15所示)。

凯特杏 该品种适应性极强,耐盐碱、耐低温、耐湿、耐晚霜。单果重105~200 g,红黄色,品质上等,6月中旬成熟,特丰产,适合保护地栽培(如彩图16所示)。

技能训练

实训1-1 杏品种的观察识别

一、目的与要求

通过实习,初步培养学生识别杏主要品种的能力,学会对品种形态特征、特性的描述。

二、材料与用具

材料:杏主要品种(包括不同品种群的代表品种)的幼树、结果枝和成熟果实。

用具:钢卷尺、卡尺、放大镜、托盘天平、水果刀、镊子、折光仪、记载和绘图用具。

三、实训内容

杏品种的观察识别。

1.植株观察。

(1)观察树冠、树势强弱,树姿。

(2)一年生枝条颜色、软硬,茸毛有无、多少;副梢萌发能力强弱,主要结果枝类型,二次枝的结果能力。

(3)花芽、叶芽的形状、颜色,花、叶芽在腋内的排列形式。

(4)叶形状,颜色。

(5)花蜜盘颜色,花粉多少。

2.果实的观察。

(1)果重、大小、平均单果重,果实纵径、横径。

(2)形状长圆、圆形、扁圆。

(3)果顶凸出、圆平、凹入。

(4)缝合线深浅,显著、不显著。

(5)果皮颜色,茸毛有无、多少,剥离难易;果粉有无、多少。

(6)果肉颜色,果核附近有无红丝。

(7)肉质粗细,汁多少。

(8)风味酸、甜酸、甜,香味浓、淡,可溶性固形物含量。

(9)果核形状,核粘离程度。

四、实训提示和方法

1.本实习应选择当地栽培的杏品种为实习材料。在以杏为主要果树的地区,选能代表不同品种群的品种进行观察。从树形、生长结果习性、果实等方面区别各个品种群。

2.本实习可分2次进行。一次为在果实成熟期,从树体和果实上识别品种,另一次为在果实室内解剖识别。

3.室外观察应在实习前选定具有代表性的品种,并注明品种名称。实习时由教师说明观察要点,然后以个人或小组为单位,按实习指导书要求进行。室内观察应在实习前准备好果实,每组一份。实习时先观察果实外部形态,再解剖观察果实内部构造,最后品尝。

五、实训作业

1.根据观察结果编写杏品种调查表(见表1-1)。

2.按实习内容绘制果实外形和纵切面图各一幅,注明各部分名称,并说明该品种的主要特征。

表1-1 杏品种调查表

调查项目 \ 品种		
树形 发枝情况 芽的着生情况 结果枝 蜜盘颜色		
果实 — 形状 果顶 缝合线 果皮 果肉 果核 风味		
主要特征描述		

任务考核与评价

表1-2 杏品种的观察识别

考核项目	考核要点	等级分值 A	等级分值 B	等级分值 C	等级分值 D	考核说明
态度	准备充分,遵守纪律,注意安全,保护树体	20	16	12	8	①考核可结合其他实训项目进行,如夏季修剪、果实采收等 ②采取现场单独考核加提问的考核方法 ③实训态度根据实际表现确定等级
技能操作	①能根据果实特征,在10 min内识别5个杏品种,按正确率积分 ②能根据树体特点(枝、芽、叶、花等特征),准确指认当地主栽品种 ③能准确指认杏树的营养枝、结果枝和结果母枝	60	48	36	24	
创新	观察中有新发现,提出新观点	20	16	12	8	

任务1.2　杏的主要器官及其生长发育特性观察

知识目标

熟悉杏的主要器官的生长发育特征、作用、性质及其关系；能用杏枝芽特性解释生长发育现象。

能力目标

能够运用杏生长发育知识制订合理的管理措施。

基础知识

一、树体结构

杏是多年生乔木果树。杏树体由地上部分和地下部分两部分构成，地上部分和地下部分交界处叫根颈。地上部分包括主干和树冠，地下部分则由根和根系组成。树冠由骨干枝、枝组组成，骨干枝主要包括中心干、主枝和侧枝（如图1-1所示）。

1. 主干

指地面根颈到第一分枝点的一段树干。主干的高度称为干高。主干支撑着树冠，是沟通地上部分与地下部分的主要通道。

2. 骨干枝

树冠的主要组成部分，包括中心干、主枝和侧枝。确定主枝数目的原则是既充分利用空间、光能，又使骨架牢固，树体健壮。

中心干：一般干性不强，开张性强的种和品种常无明显中心干。

主枝：着生于中心干上的骨干枝称为主枝。主枝在中心干上呈层状分布，自下而上依次排列，分布为第一主枝、第二主枝等。

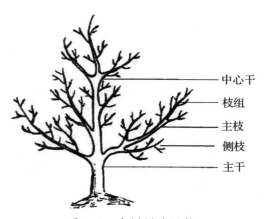

图1-1　杏树树体结构

侧枝：着生在主枝的骨干枝称为侧枝。

3. 枝组

着生在骨干枝上的各级小枝组成的群体，称为枝组。

二、根系

1. 根系结构

杏树根系由主根、侧根、须根等部分组成。主根是由杏核播种后生长出来的，在土壤中呈垂直状态，也叫垂直根。主根在幼苗时期很明显。侧根是从主根侧面生长出来的。杏树随着年龄的增长和受环境条件的影响，有时主、侧根并不明显。在主根和侧根上着生的小根叫须根（如图1-2所示）。

 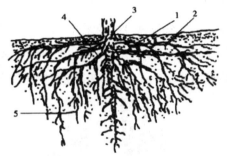

1. 主根　　2. 水平根　　3. 根颈　　4. 侧根　　5. 须根

图1-2　杏树根系结构

杏的主要根系集中在0.2~0.6 m以内的土层中，约占整个根系的80%。具有吸收土壤中无机盐和水分作用的吸收根，多数在1 m以内的土层中。杏的水平方向根是根系的骨架，伸展能力较强，扩展范围较宽，根幅可达树冠的3~5倍。

2. 根系生长特点

根在一年中没有绝对休眠期，根尖分生组织只有短暂的相对休眠期，如果温度、水分和通气条件得到满足，则全年均可生长。但在一般条件下，杏树根系开始活动的时间要比地上部分早，是落叶果树中活动最早的树种，其停止生长晚，发育时间较长。一般年份，当土壤温度达0.5 ℃时即开始活动，6~7 ℃活动明显，但当达到30 ℃时，根系的活动受到高温影响而停滞，其最适活动温度为21~22 ℃。

由于果树本身、自然条件和栽培技术的差异，根系生长往往表现出周期性。杏的根系在一年内有两次生长高峰。春季开花发芽后达到第一次发根生长高峰。随着果实的发育和新梢生长，根系生长转入低潮。果实成熟采收后，随着叶片养分的回流积累，根系出现第二次生长高峰，以后随着土温的逐渐下降，根系生长也逐渐转慢，直至被迫进入休眠。杏树根系的生长也与地上部生长相类似，经历着发生、发展和死亡的过程，新、老根不断地进行着交替。随着新根的不断发出，老根相继死去，形成一种自疏现象。不同的杏树砧木，根系生长表现出一定差异。

三、芽

1. 芽的类型

杏的芽根据着生位置不同分为顶芽和侧芽（腋花芽）；根据着生的方式可分为单芽和复芽。每节上只着生一个花芽的叫单花芽，单花芽多着生在中、长果枝的基部和顶部，形态较瘦小，坐果率不高。每节上着生两个以上的花芽叫复花芽，最常见的是两个花芽，中间夹着一个叶芽的复花芽，还有三花芽、四花芽，甚至更多花芽的复花芽（如图1-3所示）。按芽的性质可分为叶芽和花芽。

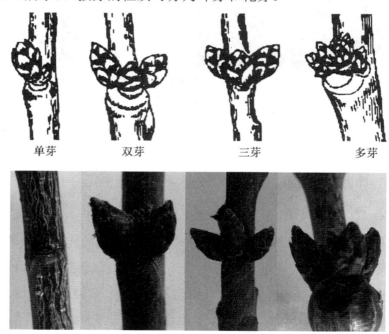

图1-3　芽的类型

(1)叶芽。

叶芽是能够抽生枝叶的芽。有一种着生在一年生枝上的越冬芽,第二年整个生长季都不萌发,处于休眠状态,这种潜伏下来的芽称为潜伏芽(或休眠芽,也可称为隐芽),潜伏芽本质上属于叶芽。还有另外一种发生部位不固定的芽,称为不定芽。它们发生在表层,常常由于杏树重度回缩修剪刺激而萌发于锯口、剪口附近。不定芽萌发的新梢通常生长旺盛而形成徒长枝条。

(2)花芽。

杏树花芽为纯花芽,即花芽只开花结果,不长枝叶,每个花芽开一朵花。花芽呈圆锥形,比叶芽肥大。花芽根据着生的方式又可分为单花芽和复花芽。每节上只着生一个花芽的叫单花芽,一般形态比较瘦小,坐果率不高。复花芽坐果率高,多分布在枝条的中部。复花芽的多少除与品种、枝条种类有关外,还与营养水平有密切关系,当肥水条件好时,形成的复花芽多,反之则少。

2. 花芽分化

花芽分化分生理分化和形态分化两个阶段。生理分化是叶腋间的雏形芽发生一系列生理上的变化,从营养生长转变为生殖生长的变化。形态分化是在生理分化的基础上,雏形芽在形态上向花芽转变,是由花原基经过若干互相连接又各有特征的阶段,一直到形成完整的雌、雄性器官的转变。花芽的形态分化时期可分为未分化期、分化初期、萼片分化期、花瓣分化期、雄蕊分化期和雌蕊分化期。刘立强等(2007)对阿克牙格勒克、黑叶杏、赛买提和大果胡安娜4个杏品种花芽形态分化进行了观察。现以大果胡安娜为例来描述杏花芽分化时期和形态特征(如图1-4所示)。

(1)未分化期。

从切片中看出,该时期的花芽生长点较小,呈小圆锥形,分化原基分生细胞较小,排列紧密,与叶芽形态相似[如图1-4(1)所示]。

(2)分化初期。

进入该时期的标志是花芽生长点膨大突起,呈半球形,并逐渐伸长、变宽,顶端逐渐扁平。此时期是花芽分化临界期,其形态对鉴别花芽分化初期十分重要。持续时间为6月中下旬至7月中旬[如图1-4(2)所示]。

（3）萼片分化期。

进入此期的标志是平滑的生长点顶端中心部位相对凹入，而周边逐渐有分化突起，形成花萼原基，即开始萼片分化。持续时间为7月中旬至7月底8月初[如图1-4（3）~（4）所示]。

（4）花瓣分化期。

随着萼片原基的生长发育，在伸长的萼片原基内侧逐渐产生新的突起点，即为花瓣原基，标志着开始花瓣分化。持续时间为7月底至8月中旬[如图1-4（5）所示]。

（5）雄蕊分化期。

在花瓣原基继续生长发育的过程中，其逐渐伸长的原基内侧慢慢产生多个新的突起点，分化出雄蕊原基，花芽进入雄蕊分化期。持续时间为8月中旬至8月底[如图1-4（6）所示]。

（6）雌蕊分化期。

在雄蕊原基分化的过程中，花芽原始体的中心部位逐渐分化出一个新的突起，形成雌蕊原基。逐渐伸长生长形成雌蕊。雌蕊分化结束时，整个花芽形状像圆形酒杯，开始进入性器官分化阶段。持续时间为8月下旬至10月初。各阶段只是按单个花芽分化时间来界定持续时间，在样品切片中发现，所有品种的不同花芽分化的时期都有不同步现象。但自9月上旬开始，内部器官都进入雌蕊分化阶段，雌、雄蕊都继续处于明显的分化生长过程，花芽体积逐渐增大[如图1-4（7）~（11）所示]。

虽然不同花芽分化时期存在不同步现象，各品种间和品种内的不同花芽进入花芽分化初期的时间有较大差异。但花芽分化集中在7~9月，整个分化过程漫长而复杂。这3个月是树体恢复和贮存营养的关键生长季节，也是光合作用最旺盛的时期，栽培过程中可根据在此期间观测的花芽发育时期及特征来采取管理措施。如通过夏季整形修剪来提高光合利用率，加强光合产物的合成，促进花芽分化；喷施生长调节剂或通过环剥、环割等方式来调控和促进花芽分化；合理施肥、灌水来培养健壮树体，获得较多发育良好的花芽，为来年稳产做好准备。还可根据树势和树龄，于春季进行疏花、疏果来调节负载量，保证枝条和花芽发育所需的营养，为花芽发育打好基础。

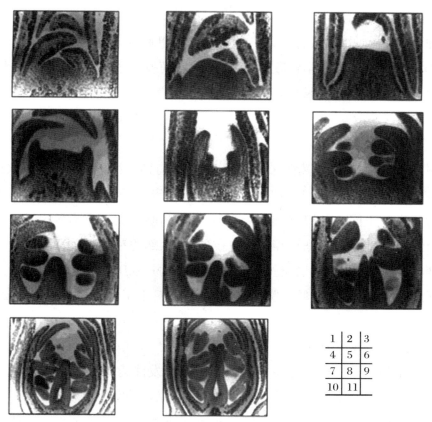

图(1)花芽未分化期×67；图(2)花芽分化初期×67；图(3)~(4)花芽萼片分化期×67；
图(5)花芽花瓣分化期×67；图(6)花芽雄蕊分化期×67；图(7)~(9)花芽雌蕊分化期×67；
图(10)~(11)花芽雌蕊分化期×27

图1-4　杏花芽分化时期

3.叶芽的特性

(1)早熟性。

杏的叶芽具有早熟性，如果环境条件适宜，其在形成的当年就可以萌发，能形成二次、三次甚至四次枝。芽的早熟性使杏树能够早期形成树冠，早进入结果期。摘心可促使发生二次枝或三次枝，增加结果枝数量。

(2)顶端优势。

杏和其他果树一样，存在着顶端优势，即枝条顶部的芽萌发力最强，抽出的枝条最壮。越往下部，芽萌发和成枝的能力越弱。

(3)芽的潜伏性。

杏的萌芽力较弱时,只有枝条上部的叶芽可以萌发,而枝条下部的叶芽多不能萌发而形成隐芽,潜伏芽虽不萌发,但仍保持着萌发的能力,当枝条受到外界刺激时潜伏芽会萌发成健壮的长枝,可用以更新各级骨干枝。杏潜伏芽的寿命很长,可达20~30年。

(4)异质性。

杏树和其他果树一样,芽存在着异质性。所谓异质性,就是同一枝条上不同部位的芽(叶芽和花芽),由于形成时间不同,芽在生长发育过程中所处的环境条件及树体的营养水平不同,所以其在外形、大小、质量和萌发能力上不尽相同。枝条基部的芽,形体小,多不能萌芽,成为潜伏芽;枝条中、上部的芽,芽体大而饱满、充实。三次枝和四次枝上的芽,质量也较差,抽出的枝条细弱、木质化程度差,花芽开放得晚,甚至不能开放,坐果率也较低。掌握芽的异质性,对于正确进行整形、修剪是非常重要的。

(5)萌芽力强,成枝力弱。

萌芽力是指树冠外围一年生枝剪截后芽的萌发能力,芽萌发越多,说明萌芽力越强。萌芽力常用萌芽率表示,萌芽率=萌发的芽/总芽数×100%。

成枝力即指树冠外围一年生枝经剪截后,芽抽生为长枝的能力。一般用成枝率表示,芽的成枝率=抽生长枝数/萌发的芽数×100%。

一般情况下,一年生枝缓放后,特别是着生角度大的枝条,除枝条基部几个芽不萌发外,其余大部分叶芽都能萌发,因此杏的萌芽力强。杏芽的成枝力弱,表现在对一年生枝进行中、重短截后,才会在剪口下抽生2~3个长枝,这种较弱的成枝力导致杏树树冠比较疏朗,与其强烈的喜光性是相一致的。但也由于成枝力弱,主、侧枝的下部常呈现秃裸现象。萌芽力和成枝力的高低因杏树的品种、树势及树龄、枝的角度和修剪方法不同而异。

(6)休眠较深。

杏树的叶芽在冬季休眠较深,在春季解除休眠最晚,大约在花的大球期开始萌发,当日均温达到12~15 ℃时,迅速抽生新枝。

四、枝

杏树为较高大的落叶乔木。幼树树干为红褐色,有光泽,表皮光滑。成年树枝干呈灰褐色,并有纵向深浅不等的裂纹(如图1-5所示)。

图1-5　杏枝条

1. 新梢的生长

当年抽生带叶片的枝叫新梢。经过冬季休眠的芽萌发后形成的新梢为主梢,主梢上的芽萌发出的新梢称为第一次副梢,第一次副梢上的芽萌发出的新梢称为第二次副梢。

杏树新梢的生长是在开花以后开始的,适于杏树新梢生长的温度是20~25 ℃。在年生长周期内,新梢加长生长有2~3次高峰,加粗生长则没有明显的高峰。新梢的第一次生长高峰期为新梢自叶芽抽出后的15~20天,大约在5月中旬至5月下旬第一次生长停止,形成春梢。幼树和肥水比较充足的成年树,新梢有第二次生长高峰(形成夏梢)和第三次生长高峰(形成秋梢)。第一次生长部位节间较长,其上的芽比较充实。第二次生长,节间较短,在树势强旺的情况下,第二次生长部位能形成发育充分的花芽。第三次生长部位多较纤细,节间短,且多形成一些密集的小芽,第二年这些部位多不能抽生壮枝。杏树新梢每次停止生长均伴随着枯顶现象,即顶芽生长点自行枯萎脱落,再生长时由第一侧芽萌发后继续延伸。

2. 枝的类型

通常由结果枝、营养枝和多年生枝组成。按分枝量可分为大枝组、中枝组和小枝组(如图1-6所示);按枝组的位置可分为背上枝组、两侧枝组和背下枝组。

新梢落叶后,即为一年生枝条(如图1-7所示)。杏树一年生枝条可以分为生长枝(营养枝)和结果枝两大类。

(1)生长枝。

以营养生长为主的枝条,包括发育枝、徒长枝和针刺状枝。

发育枝:其上只着生叶芽,多着生于大枝的先端作为延长枝,起扩大树冠和增加结果部位的作用。有的发育枝上有花芽,也可开花结果。

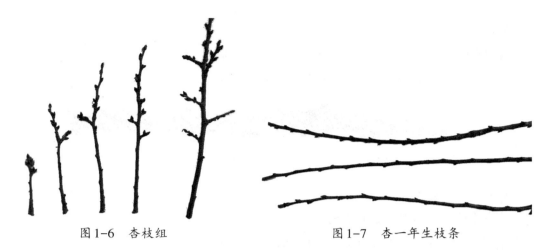

图1-6 杏枝组　　　　　图1-7 杏一年生枝条

徒长枝:常发生在幼树上或大的剪锯口附近,其生长迅速,节间很长,很少分枝,枝芽不充实,缺枝时可利用。

针刺状枝:发生于杏幼树的主干或下部的主枝上,其细而短,多在5~10 cm,尖削度较大,节间较短,且常无顶芽,这些小枝长成后就不再延伸,但可以产生花束状果枝,应保留用以早期结果,不可疏除和短截。针刺状小枝的寿命很短,一般在结果2~3年后即自行枯死。

(2)结果枝。

以结果为主,其上着生花芽和果实的枝条。杏结果枝的基部为叶芽;中部和上部为复芽,中部由1个叶芽和1~3个花芽并生,上部为1个叶芽和1个花芽并生;顶芽为叶芽。根据其长度和其上花芽着生的数量,可分为长果枝(长度在30 cm以上)、中果枝(15~30 cm)、短果枝(5~15 cm)和花束状结果枝(5 cm以下,只有顶芽为叶芽,其余为花芽)4类(如图1-8所示)。

长果枝:在初结果的幼树上较多,长度可在1 m以上,花芽着生在枝条中、上部。但此类果枝往往花芽不太充实,且因生长旺盛、坐果率较低,不宜留作结果枝用,可用其扩大树冠或短截后改造成枝组。

中果枝:基部为叶芽(潜伏芽)或单花芽,中部和上部为复芽,多数为1个叶芽和1个花芽并列,顶部为叶芽。其生长中庸,坐果率高,是初结果树的主要结果部位,随树龄增加中果枝的数量逐渐减少。

短果枝:基部2~3个芽为潜伏芽,以上为单花芽或与叶芽并生,少数节上有双花芽,顶芽为叶芽。其一般比较细,但坐果率最高。幼树短果枝的数量较少,随着树龄增加,短果枝的比例增大。短果枝和中果枝是盛果期树的主要结果部位。

花束状结果枝:节间极短,基部1～2个芽为潜伏芽,各节着生的芽大部分为单花芽或双花芽,只有顶芽为叶芽。有一些花束状结果枝根本无叶芽。花束状结果枝在各年龄时期的杏树上都有,但以衰老树最多。

图1-8　杏结果枝的类型(冬季状态)

五、叶片

杏树叶为单叶,互生,心形、长圆形或阔卵圆形,是进行光合作用的重要器官。叶基近心形或圆形,叶缘单锯齿或重锯齿,整齐;叶主脉绿色,有的品种主脉基部紫红色。叶柄长2～4 cm,阳面紫红色,背面黄绿色(如彩图17所示)。

杏树展叶期为4月6—23日,平均日期为4月17日。新疆的吐鲁番和南疆南部的和田、于田为4月上旬,南疆其他地区为4月中旬,拜城、焉耆、新源为4月下旬,阿合奇到5月上旬才能达到展叶盛期。

叶片生长是随着新梢生长而进行的,多数品种在一般年份于盛花后期可有少量叶片展开;成龄杏树的叶面积90%以上在萌芽后50～60天内形成,当秋季气温降低到10 ℃以下时,杏树开始落叶,叶片的光合作用时间一般在150天以上。叶变色和落叶平均日期分别为10月27日和11月9日。落叶后杏树为适应冬季的严寒,即进入休眠期。在休眠期内除有微弱的呼吸和新陈代谢作用外,其他机能如生长、光合作用和无机盐的吸收等完全停止。

叶片布满全树后就形成一个与树冠形状相一致的幕状的群体结构,即叶幕。叶幕结构因品种、砧木、栽植密度和土壤气候条件不同而异,但整形修剪对叶幕的结构形成或调节有较大的控制作用。

叶是杏树进行光合作用、制造有机养分的主要营养器官,也是呼吸作用和蒸腾作用的主要部位。此外,叶片还可以通过气孔吸收水分和养分。因此,叶片的状况和叶幕的结构对杏树的生长发育、产量和杏果质量起着非常重要的作用。

叶片的大小往往反映着杏树的营养水平,而且也是影响整个树体光合面积的基本因素。除品种外,环境条件、叶片所处的位置和采用的修剪方法及程度,对叶片的大小均有影响,其中环境因素的影响最大。阳光充足、肥水充分、温度适合,则叶片大而肥厚,反之,则小而薄。

叶片的数量随枝量的增多和延长而增加,此外,当叶幕密度加大时,单株叶片数减少而单位面积上的叶片数增加,所以合理的叶幕结构才能保证杏的高产和优质。利用修剪整形,可以调整叶幕的层次和密度,使单位树冠体积内形成的叶片数最合适,并使之获得最大量的光照,实现高产、稳产和优质。

六、花

1.花的结构与类型

杏树花为两性花,单生,杏花由雌蕊、雄蕊、花瓣、萼片和花柄组成(如图1-9所示)。

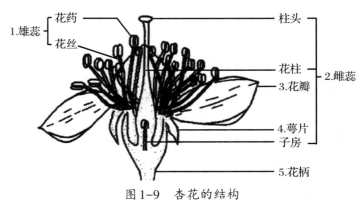

图1-9 杏花的结构

杏花由于雌、雄蕊发育水平的不同分为4种类型:一是雌蕊长于雄蕊;二是雌蕊、雄蕊等长;三是雌蕊短于雄蕊;四是雌蕊退化(如图1-10所示)。前两种类型花可以授粉、受精、结实,称为完全花;第三种类型的花,有的可以授粉,但结实能力差,有的在盛花期便开始萎缩,失去受精能力;第四种花,不能授粉、受精,称为不完全花。杏树出现"满树花,半树果"现象,有的甚至出现没有果的现象,其原因之一就是存在后两种类型的花。

1. 雌蕊长于雄蕊　　2. 雌蕊、雄蕊等长　　3. 雌蕊短于雄蕊　　4. 雌蕊退化

图1-10　杏花的类型

2. 开花坐果

(1)开花期。

杏开花在各种果树中是最早的,时间为3月26日—4月23日,平均日期为4月6日。杏树花期比较短,在同一地区从开花始期到末期一般为一周左右,从始花到盛花只需3~5天,有的年份只需1天。杏开花最早的地区是吐鲁番及南疆西南部的和田、莎车与麦盖提等地,时间为3月下旬末,南疆西北部喀什至轮台以及鄯善、哈密等地为4月上旬,拜城、焉耆和新源为4月中旬,阿合奇为4月下旬。

(2)影响开花的因素。

影响杏树开花的主要因素有遗传因素、树体休眠所需要的低温量和休眠后期有效积温量。此外,晚秋花芽发育状况和植物激素水平也影响杏树开花的早晚。

①遗传因素。

不同杏生态群、种和品种开花时期不同,西伯利亚杏比普通杏花期早2~3天。华北生态群杏比欧洲生态群杏品种花期早2~3天。相同地区栽植不同种和品种,杏树出现花期不同的现象,是由遗传因素所决定的。

②树体休眠所需要的低温量。

杏树只有正常进入休眠期并满足该品种所需要的低温量(休眠)后,才能在适宜的环境条件下开始下一阶段的生长发育。一般情况下,树体休眠期间所需要的低温量越高,开花期越晚。在没有满足树体休眠所需要的低温量前,任何外部条件都不可能使其重新生长。杏树不同生态群、种和品种自然休眠期的长短是变化的,一般情况下在1000~1500 h。当芽通过了自然休眠后,由于外界条件不适宜杏树生长而造成的休眠称为被迫休眠。被迫休眠可以通过改变杏树环境条件进行解除。目前,我国大量发展的杏树设施栽培就是利用该因素。

③春季的有效积温量。

通过自然休眠的杏树开花早晚主要取决于温度(有效积温量)和植株生理状况。

春季杏树花芽开放所需有效积温量(简称开花热量值)的大小与杏树种和品种有关。西伯利亚杏的开花热量值比普通杏低,因此,西伯利亚杏比普通杏花期早2~3天。正在休眠和部分经过低温处理的植株比通过了自然休眠的植株需要更多的开花热量值才能开花。完成了自然休眠而又经过低温处理的植株则可减少开花所需要的开花热量值。

(3)影响坐果的因素。

杏树坐果率的高低直接影响其产量。欲使花芽能够坐果,必须雌蕊与雄蕊发育完全,经过授粉受精形成胚,并且有能够让胚进一步发育的环境条件。

①花芽的质量。

花芽质量主要体现在开花时,花是否已经形成了成熟的卵和精子。花芽雌蕊与雄蕊的分化十分重要,通常我们把雌蕊与雄蕊等高或雌蕊显著高于雄蕊的花称为完全花,雌蕊低于雄蕊或雌蕊退化的花称为不完全花。完全花能够正常结果,而不完全花不能正常结果。杏花发育程度除与品种有关外,不同年份间差异也很大,同时与树体枝条类型比例也有关,如营养生长过旺,徒长枝或长果枝比例高,则完全花比例低。反之，花束状果枝和短果枝在树体总枝量中比例高，则完全花百分率高。实际上还存在着一部分形态上发育"完全"而生理功能发育并不健全的花，即真正的完全花（可受精结实的花）比形态上的完全花比例低，这些生理上发育不完全的花不能坐果。杏花芽发育不完全是杏结实率低的重要原因之一。

除雌蕊败育外，有部分杏品种也发生雄性败育。华北生态群的杏品种有50%以上的可育花粉粒，但是，也有部分品种雄性败育。

②果枝类型。

杏树不同类型的果枝结果能力有很大差异。大多数品种不同类型果枝结果能力为：短果枝和花束状果枝＞中果枝＞长果枝。

③营养水平。

树体良好的营养状况是杏树有理想坐果率的保障。只有树体有充足的营养储备才能使花芽分化完全，使精子生命力强并延长胚珠寿命。有些营养元素直接影响坐果，如花期喷硼元素能够促进花粉萌发和花粉管伸长，进而促进坐果率提高。

④授粉受精。

华北生态群杏品种均自花不实，同时人工辅助授粉结实率明显较自然授粉结实率高。

品种间组合授粉结实率因组合不同差异甚大。有的品种间组合授粉相互都不结实（互不亲和）；有的品种间正交能够结实，而反交则不亲和（部分亲和）；有的品种间正反交授粉结实率都很高（完全亲和）。互不亲和及部分亲和的杏品种同园栽培时必须配置授粉亲和的授粉品种才能丰产。

⑤花期温度对杏坐果的影响。

虽然杏树抗寒抗冻，但是由于其开花较早，容易受到晚霜的危害。温度影响花粉萌发和花粉管生长，同时也影响胚珠的发育和寿命。对杏树坐果而言，遇低温后迅速升温比绝对低温对杏树坐果的影响更大。

七、果实生长发育

果实成熟期为6月6日—7月31日，平均日期为6月21日。吐鲁番最早，6月上旬就可以吃到杏子，鄯善和南疆大部分地区为6月中旬，哈密、且末、叶城、莎车、喀什和焉耆为6月下旬，拜城和阿克陶为7月上旬，阿合奇和新源果实成熟迟至7月下旬。

1. 果实的结构与类型

杏果实属于核果类，杏果实由子房发育而成，形状为近圆形、长圆形、扁圆形、卵圆形等。由外、中、内3层果皮和种子构成（如图1-11所示）。3层果皮全部由子房壁发育而来，外果皮就是果皮，中果皮全部是由薄壁细胞组成的可食的果肉，内果皮是木质化的果核，果核由坚硬的石细胞组成，果核有离核、半离核、粘核几种类型。

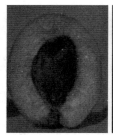

图1-11 杏果实

胚珠完成受精后就进入果实生长发育阶段。在这个时期，胚的发育对果实的生长发育起着重要作用。如果胚中途停止生长发育就会造成果实脱落。

2. 落花落果规律

杏树花量很大，虽然不同品种结实率不同，但是所有品种从开花到果实成熟都有大量花果脱落。一般情况下，70%～90%的花果均在开花至采收这段时间脱落。杏树有3次落花落果高峰，第一次落花落果（实际是落花）高峰是从盛花开始到盛花后7天，集中在盛花后3～4天。原因是花本身发育不完全，根本不能受精，从而造成落花。因此，若采取综合栽培措施，提高完全花比例，可减少第一次落花落果量。第二次落花落果高峰（实际是落果）是在盛花后8～20天，多集中在盛花后9～11天。此时果实正脱萼，子房开始膨大，未膨大者在此期内陆续掉落。造成这次落果的原因，主要是授粉受精不良。创造一个良好的授粉受精环境，尤其是合理地配置授粉树，能有效减少这次落果。第三次落花落果高峰（实际上也是落果）在盛花后20～40天，高峰期在盛花后30天左右，这次落果期内落果数占总落果数比例较小，因此峰值也低。第三次落果的原因主要是营养不良。

3. 果实的生长发育规律

杏果实纵横径生长发育动态呈"快—慢—快"的"双S"型曲线，整个生育期可分为果实第一次快速生长期、果实缓慢生长期和果实第二次快速生长期。果实第一次快速生长期主要是果实与果核快速生长，是由于果实由前期的细胞分裂为主逐渐转变为以体积膨大为主，细胞直径迅速增大所致；果实缓慢生长期果实、果核生长缓慢，解剖观测到这一时期主要是果核硬化与胚的快速生长发育；果实第二次快速生长期主要是果实快速增长，体积膨大，持续到果实成熟。其主要是由于果实细胞迅速膨大和后期营养物质积累所致。快速生长期果实形态变化明显，是决定果实大小的关键时期。

果核与种子的生长发育动态可分为快速生长和缓慢生长两个阶段。果核快速生长与果实第一次快速生长同时开始，但提前约1周结束，是核生长及胚乳的形成期。盛花期后第5周核开始硬化，种子开始发育。多数品种在第9周核完全硬化；种子快速生长3周，第8周开始缓慢生长。果核与种子发育持续到果实成熟为止。

4. 杏果实三个生长发育时期内的生长量与产量的关系

杏果实的大小和产量主要取决于果实细胞的数量和体积，说明果实第一次和第二次快速生长期是决定果实大小和产量的关键时期。

但是，杏树栽培中果实缓慢生长期也不能忽略。虽然该时期果实生长缓慢，但种子迅速分化增大，其发育的好坏决定种仁的质量和果实的产量。新疆很多杏品种仁大，味甜，是仁、肉兼用的优良品种。保证种子的正常发育，可提高杏果实的经济价值。因此，栽培中应兼顾果实、杏核与种子三者的发育，前期适当多施氮肥，保证土壤水分以促进细胞分裂，加速杏核与胚的形成，后期应多施磷、钾肥，浇足水，调节营养供应，促进果实与种子营养物质的积累，提高果实产量和品质。同时，保证水分供应是果实膨大的必要条件，特别是细胞膨大阶段，如果缺水，且持续时间较长，将导致果实减产，品质降低，即使随后补水也无法挽回损失。

5. 杏果实生长发育与杏核硬化及胚发育的关系

杏果实缓慢生长期果实纵、横径增长减慢，可能是由于杏核硬化与胚的快速发育消耗大量营养所致。所以不能按果实的三个生长发育时期来划分杏核与种子的具体发育时期，杏核硬化期、种子发育期与果实发育的三个时期有部分时间相互重叠，应根据具体观测和解剖结果来划分三者的发育时期，从而适时采取促进果实发育的措施。

八、种子

种子是重要的繁殖器官,发育初、中期由幼胚、胚乳、种皮和残存的珠心组织4部分组成,发育成熟的杏种子仅由胚和种皮组成。

杏树栽培过程中通常将杏核称为"种子",实际上杏的种子是通常所说的杏仁。杏核是由内果皮和种子(杏仁)组成。杏核核面有光滑的、带网纹的、具有沟纹的等各种类型。杏核的大小各异,通常每个核内有1粒种子,偶见2粒(与品种有关)。种子(杏仁)因品种不同而有甜仁和苦仁之分。

技能训练

实训1-2　果树树体结构与生长结果习性观察

一、目的与要求

1.掌握乔木果树地上部树体组成和各部分名称,能够现场准确分析指认树体各部分。

2.熟悉果树枝芽的类型和特点,能在果树生长期与休眠期现场识别当地主要树种的枝芽类型。

3.了解当地主要果树生长结果习性,掌握其观察方法。

二、材料与用具

材料:当地主要树种正常生长发育的结果树植株,枝、芽实物或标本。

用具:皮尺、钢卷尺、放大镜、修枝剪、记录用具。

三、实训内容

1.观察果树地上部的基本结构,明确主干、树干、中心干、主枝、侧枝、骨干枝、延长枝、枝组、辅养枝、叶幕等基本结构。

2.观察枝和芽的类型,明确一年生枝、二年生枝和多年生枝,新梢、副梢、春梢和秋梢,营养枝、结果枝和结果母枝,果台枝和果台副梢,长、中、短枝,徒长枝、叶丛枝,直立枝、斜生枝、水平枝和下垂枝,叶芽和花芽,纯花芽,顶芽和侧芽,单芽和复芽,潜伏芽和早熟芽等类型。

3.观察枝芽的特性,明确顶端优势、干性、层性、分枝角度、枝条硬度和尖削度,芽的异质性、萌芽力、成枝力、早熟性和潜伏性。

4.观察生长结果习性,包括枝芽生长特点,花芽及花的类型、着生部位、结果能力。

四、实训提示和方法

1.实训的大部分项目应安排在休眠期,以便于观察。生长期的观察项目可单独安排,或结合其他实训进行。

2.根据各地实际情况选择主要树种进行观察,其他树种可以结合修剪等实训,并通过与主要树种比较的方法进行。

3.生长结果习性的观察应在掌握基本方法的基础上,结合每一树种的课堂教学和物候期观察进行。

五、实训作业

1.绘制果树地上部树体结构图,并注明各部分名称。

2.比较桃(或杏、李、樱桃)的花芽和叶芽的形态特征及着生部位。

任务考核与评价

表1-3 杏树树体识别考核评价表

考核项目	考核要点	等级分值				考核说明
		A	B	C	D	
态度	准备充分,遵守纪律,注意安全,保护树体	20	16	12	8	①考核可结合其他实训项目进行,如修剪、采收 ②考核方法采取现场单独考核加提问 ③实训态度根据实际表现确定等级
技能操作	①能在不同时期准确指认不同树形一年生枝、二年生枝和多年生枝,新梢、副梢、春梢和秋梢,营养枝、结果枝、结果母枝,果台枝和果台副梢,长、中、短枝,徒长枝、叶丛枝,直立枝、斜生枝、水平枝和下垂枝,并说出其含义 ②能熟练指认不同品种及不同树形上各类枝干 ③能准确指认叶芽和花芽,顶芽和侧芽,潜伏芽和早熟芽	60	48	36	24	
创新	在观察中有新发现,提出新观点	20	16	12	8	

任务1.3 杏生命周期性的认识

知识目标

了解杏主要器官各年龄时期的特点。

能力目标

观察杏各生命周期的特点,掌握周期内各时期管理要点。

基础知识

杏树从种子发芽、生长、结果至衰老死亡的全过程,称为生命周期或年龄时期。了解杏生命周期各阶段的特性,才能利用和控制这些特性,达到早果、早丰、延长经济寿命之目的。

按生长到结果的转变,杏树的生命周期可划分为幼树期、结果初期、盛果期与衰老期4个年龄时期。

一、幼树期

幼树期从定植到第一次开花结果止,为营养生长阶段,一般为2～5年。幼树期的长短因种和品种、砧木、栽培管理措施、苗木繁殖方法及气候等不同而异。欧洲生态群品种比中亚细亚生态群和华北生态群品种开始结果早。一般嫁接苗开始结果早,在定植后第二年就可开花结果,而实生繁殖的苗木这一时期则需要3～5年。同一品种,山杏作砧木比普通杏的实生苗作砧木的结果早。

杏幼树期的特点是营养生长旺盛,根系和树冠扩展迅速,还具有一年多次抽枝的特性。

此期的栽培管理非常重要。一方面要为根系的发育创造良好的土壤条件,如供给充足的肥水、深翻扩穴等;另一方面,要在培养树形的前提下尽可能地轻剪,以增加枝叶量,扩大光合面积,缩短幼树期,提早结果。

二、结果初期

第一次开花结果到有较大的经济产量以前,为生长和结果初期(初果期)。其持续时间的长短因品种、立地条件及栽培管理水平不同而异,一般为2～4年。

此期的特点是树体的营养生长仍然很快,树冠迅速向外扩展,接近或达到预定的营养面积,树体骨架基本形成,分枝量增加,结果枝逐年增多,产量逐步上升。

此期的栽培管理措施是加强土肥水管理,使树冠、根系迅速扩展,以尽早达到最大的营养面积;使各种枝条合理搭配,调整生长与结果的比例,注意培养和安排结果枝组,使产量稳步上升;进一步培养良好的树形,为盛果期奠定基础。

三、盛果期

从开始大量结果(形成经济产量)到树体衰老(产量持续下降)的阶段称为盛果期。此期的长短也受品种、立地条件及栽培管理措施的影响。

此期的特点是结果量大,生长缓慢。树冠、根系达到最大范围后,其末端逐渐衰弱,枝条生长量逐年减小。结果部位由树冠中、下部向上部和外围转移,结果枝基部易光秃,内膛枝条衰弱甚至枯死,容易出现上强和外强。同时,树体的营养物质大量供给果实生长,营养消耗大,易造成树体营养物质的供应、运转、分配、消耗和积累之间的不平衡,继而出现大小年结果现象。

此期的栽培管理措施是供给充足的肥水,并注意营养元素之间的平衡,避免营养失调。控制花果量,通过修剪及时更新,使生长与结果平衡而稳定,调节树冠下部和内膛的光照,保证年年优质、高产。

四、衰老期

从产量明显持续下降,生长量逐年减小,树体开始衰老,到全株死亡的这一阶段,称为衰老期。

此期的特点是大部分骨干枝光秃,新梢生长细弱,结果枝死亡数量增多,叶量少,根系的更新能力衰退,树体抗逆性降低,产量少且品质差。

此期的栽培管理措施是在衰老前期,应加强土、肥、水管理,增施有机肥。由于树势变弱,易诱发各种病虫害,应及时防治。对能恢复树势的树,可进行更新复壮,一般经过2～4年可恢复树势,并能恢复结果。如果失去经济价值,可进行全园更新。

五、杏品种生命周期观察及资料利用

(1)选择幼树期、初果期、盛果期、衰老期的代表树若干株。

(2)列表观测以下生长发育指标。

①树体外貌。树冠大小和形状;树皮特征;光照与通风条件。

②枝条。骨干枝角度,新梢年生长量,枝条充实度与节间长度,徒长枝数量,中短枝比例。

③果实品质。大小、风味、色泽。

④病虫害种类。按危害部位观察叶、枝干、果实的病虫害种类。

(3)分析比较各年龄时期。

六、注意事项

(1)观察前根据当地条件确定观察项目,要选择地点、品种、树龄、生长状况有代表性的植株。观察对象应选择典型部位,挂牌标记。

(2)春季萌芽前安排,利用课余时间进行观察。观察结束后完成作业。如观察的品种多,可分株分人进行。保证每人能观察2~3个树种品种。

(3)利用往年物候期观测资料,进行分析比较,讨论物候期的顺序、重叠、重演现象,试分析其形成原因。观看周年生长录像片。

任务1.4 杏生长发育环境调查

知识目标

了解杏生长发育与生态环境之间的辩证统一关系；熟悉杏生长发育要求的环境条件。

能力目标

能够进行杏树的物候期观察记载。

基础知识

一、温度

温度是杏树要求最严的环境因素之一，杏树正常发育需有效积温2500 ℃以上。新疆杏产区3～4月间，只要有5天左右日平均气温在10 ℃上下，杏树便迅速萌芽、开花。温度高，萌芽、开花的时间早；温度低，萌芽、开花的时间晚。当地温达到7～8 ℃时新根开始生长，生长季节适宜温度是20～30 ℃，杏树盛花期适宜的日平均温度在10 ℃左右，花粉发芽要求在18～21 ℃。正常进入休眠期的杏树能耐-30 ℃的低温。新疆地区气候变化大，冬季寒冷，杏树发生冻害的极限低温是-30 ℃，但冬季持续低温时间长，最低气温≤-25 ℃的天数超过15天也可引起冻害，造成树体残缺甚至整株冻死。

因为杏树开花早，所以花期很容易受到晚霜冻害，不同发育期低温受害程度不同，花蕾期能抵抗短时间的低温为-4～-1 ℃，开花期为-2.7 ℃，幼果期为-1.1 ℃。各花器官的抗冻能力依次为：未发芽的花粉>花萼>柱头>花瓣>花丝>发芽的花粉。所以花期低温是生产上杏树减产的主要原因之一。

杏是需冷量较低的果树种类，只有正常进入休眠期并满足所需要的低温量（需冷量）后，才能在适宜的环境条件下开始下一阶段的生长发育，否则不能打破休眠。一般低于7.2 ℃的低温1000～1500小时，就可以打破休眠，进行正常的生理活动。

二、光照

杏树为喜光照植物,主要集中分布在年日照时数在2500~3000小时的地区,在光照充足的条件下,生长结果良好,果实含糖量高,色泽艳丽。如新疆大部分杏产区,日照充足,果实可溶性固形物含量超过20%。

树冠外围光照条件最好,产量能占总产的60%~80%。果树在通风透光条件下,果实着色好,糖分和维生素C含量高,含水量适宜,比较耐贮存。一般情况下,光照强度在70%以上时,果实着色好,光照在40%~70%时只能部分着色,光照在40%以下就不会着色。

在生长季节阳光充足、空气干燥的地区,杏树花芽分化良好,芽体大而饱满,不完全花少,新梢发育健壮,病虫害少,花芽越冬性强。如果遮光严重或阴雨天气持续时间较长,光照不足,枝叶徒长,树冠郁闭,内膛枝容易枯死,造成内部光秃,结果部位外移,影响花芽分化,严重影响果实的产量和品质,还容易出现旺长或疯长,树枝细长,叶片黄化,根系生长明显受到影响。

三、水分

杏树具有很强的抗干旱能力。在年降水量400~600 mm的山区,如分配适当,即便不进行灌溉,也能正常生长结果。这是因为杏树的根系发达,分布深广,可以从土壤深层吸收水分。但杏树对水分的反应相当敏感。在雨量充沛,分布比较合理的年份,生长健壮,产量高,果实大,花芽分化充实;在干旱年份,特别是在枝条迅速生长和果实膨大期,如果土壤过于干旱,则会削弱树势,造成落果加重,果实变小,花芽分化减少,以至于不能形成花芽,导致大小年或隔年结果的发生。果实成熟期湿度过大,会引起品质下降和裂果。新疆杏产区,特别是吐鲁番和塔里木盆地年降水量不到100 mm,果园所需水分能靠灌溉解决,因此,降水量大小对杏的生长发育和产量影响不大。杏树不耐涝,杏园积水3天以上就会引起黄叶、落叶,时间再长会引起死根,以至于全树死亡,所以应及时排水、松土。

四、土壤条件

杏树对土壤要求不严,在黏土、壤土、沙土、砾质土乃至轻度盐碱土上都可栽培。杏适宜在中性或微碱性的土壤中生长,最适土壤酸碱度为pH在7.0~7.5,一般在 pH 6.5～8.0 的土壤中栽培可获得较好的收益。新疆土地资源丰富,尚有许多待开发的土地资源可供杏树的发展种植。除积水的涝洼地外,各种类型的土壤均可栽培,甚至在岩石缝中都能生长,但以在中性或微碱性土壤,且土层深厚肥沃,排水良好的砂质壤土中生长结果最好。杏树的耐盐力较苹果树、桃树等强。在总含盐量为 0.1%～0.2% 的土壤中可以生长良好,超过 0.24% 便会受到伤害。杏树在丘陵、山地、平原、河滩地都能适应良好;但立地条件不同,树体生长发育状况、果实产量和品质会有所差别。

技能训练

实训1-3 杏物候期观察

一、目的与要求

通过实训要求熟悉物候期观察的项目和方法,并掌握当地几种主要果树的年周期发育规律。

二、材料与用具

材料:选择当地有代表性的树种品种作为供试植株。

用具:钢卷尺、卡尺、放大镜、解剖镜、记载表。

三、实训内容

1. 选定待观察果树。
2. 制订记载要求及表格。

随着物候期演变,按照物候期观察项目和标准进行观察记载。

(1)物候期观察项目及标准。

①萌芽、开花结果物候期记载项目及标准。

萌动:刚看出芽有变化,鳞片微错开。

花芽膨大期:花芽开始膨大,鳞片错开,以全树有 25 % 左右时为准。

露萼期:鳞片裂开,花萼顶端露出。

露瓣期:花萼绽开,花瓣开始露出。

初花期(始花期):全树 5% 的花开放。

盛花期:全树有25%的花开放为盛花始期,50%的花开放为盛花期,75%的花开放为盛花末期。

落花期:全树有5%的花正常脱落花瓣为落花始期,95%的花脱落花瓣为落花终期。

坐果期:正常受精的果实直径约0.8 cm时为坐果期。

生理落果期:幼果开始膨大后出现较多数量幼果变黄脱落时为生理落果期。

果实着色期:果实开始出现该品种应有的色泽,无色品种由绿色开始变浅。

果实成熟期:全树有50%果实色泽、品质等具备了该品种成熟的特征,采摘时果梗容易分离。

②萌芽、新梢生长、落叶物候期记载项目及标准。

叶芽膨大期:同花芽标准。

叶芽开绽期:同花芽标准。

展叶期:全树萌发的叶芽中有25%第一片叶展开。

新梢开始生长:从叶芽开放长出1 cm新梢时算起。

新梢加速生长期:在新梢出现第一个长节为加速生长开始;到春梢最大叶出现为加速生长期;待有小叶出现为加速生长停止。

新梢停止生长:新梢生长缓慢停止,没有未展开的叶。

二次生长开始:新梢停止生长以后又开始生长时。

二次生长停止:二次生长的新梢停止生长时。

叶片变色期:秋季正常生长的植株叶片变黄或变红。

落叶期:全树有5%的叶片脱落为落叶始期,25%叶片脱落为落叶盛期,95%叶片脱落为落叶终期。

记载杏物候期时,需增加伤流期、新梢开始成熟期。

伤流期:春季萌芽前树液开始流动时,新剪口流出多量液体成水滴状时叫伤流期。

新梢开始成熟期:当新梢第四节以下的部分表皮呈黄褐色即为新梢开始成熟期。

③花芽分化期。

开始:健壮枝条有少量开始分化花芽。

盛期:健壮枝条约有1/4开始分化花芽。

(2)物候期记载(见表1-4)。

四、注意事项

1. 物候期观察记载项目的繁简,应根据具体要求确定,专题物候期研究需详细调查,一般只记载主要物候期。本实训是一般物候期调查。

2. 根据物候期的进程速度和记载的繁简确定观察时间,萌芽至开花期一般每隔2~3天观察1次,生长季节的其他时间,则可5~7天或更长时间观察1次。开花期有些树种进程较快,需每天观察。

3. 在详细的物候期观察中,有些项目的完成必须配合定期测量,例如枝条加长、加粗生长;果实体积的增加、叶片生长等应每隔3~7天测量1次,画出曲线图,才能看出生长高低峰的节奏。有些项目的完成需定期取样观察,例如花芽分化期应每隔3~7天取样切片观察1次。还有的项目需要统计数字,例如落果期调查。

4. 物候期观测取样要注意地点、树龄、生长状况等方面的代表性,一般应选生长健壮的结果树,植株在果园中的位置能代表全园情况。观察株数可根据个体情况而定,一般每个品种3~5株。进行测定和统计的内容,应选择典型部位,挂牌标记,定期进行。

五、实训作业

进行杏周年物候期记载,将观察结果记入表格中。

表1-4　杏物候期观察记载表

类型＼物候期	膨大期	露白期	开绽期	展叶期	新梢开始生长	新梢停止生长
叶芽						

类型＼物候期	膨大期	露萼期	露瓣期	初花期	盛花期	落花期
花芽						

任务考核与评价

表1-5　杏物候期观察考核评价表

考核项目	考核要点	等级分值				考核说明
		A	B	C	D	
态度	准备充分,遵守纪律,注意安全,保护树体	20	16	12	8	①考核可结合其他实训项目进行 ②考核方法采取现场单独考核加提问 ③实训态度根据实际表现确定等级
技能操作	①能够选好观察树体 ②能够正确描述杏物候期 ③能够准确填写观察记载表	60	48	36	24	
创新	在观察中有新发现,提出新观点	20	16	12	8	

项目2 杏苗木培育

✈ 项目目标 ✈

知识目标

1. 了解杏砧木种子的选择、采集、鉴定方法，了解种子层积处理的方法。
2. 能够正确选择接穗，并按要求处理接穗。
3. 熟悉苗木出圃、起苗、分级、检验、包装、运输各个环节的操作步骤及标准。

能力目标

1. 能够利用杏砧木培育的知识培育出杏砧木。
2. 掌握枝接、芽接的操作技术。
3. 掌握嫁接成活的检验方法，能够正确地进行嫁接后的管理。
4. 掌握杏苗木分级、包装、检验和贮运的相关专业术语和技术规程。

素质目标

培养科学严谨的工作态度和吃苦耐劳的工作精神。

任务2.1　砧木苗的培育

知识目标

了解杏砧木种子的选择、采集、鉴定方法,了解种子层积处理的方法。

能力目标

能够利用杏砧木培育的知识培育出杏砧木。

基础知识

一、砧木的选择

新疆杏树砧木种类主要以毛杏为主,毛杏砧木与栽培品种有较好的嫁接亲和力,且耐寒、抗旱,对土壤适应性强,嫁接品种树势强健,树体高大,经济寿命长。生产中常用毛杏作砧木。

二、砧木种子的采集与选择

采种用母树必须生长健壮,无病虫害,并应在果实充分成熟后采集种子。采集种子的果实,其果肉含有较多果胶和糖类,水分含量也高,容易腐烂发酵,故采集的果实要及时处理取出种子,否则,会因腐烂而降低种子品质。

种子采集的方法为:软化果肉、揉碎果肉,用水淘洗出种子,然后进行晾干。在清除果肉过程中,不得使种子处于45 ℃以上的环境中,不得使用化学药剂浸泡,以免使种子失去活力。刚采集的种子含水率高,不宜在阳光下暴晒,应在通风良好的地方摊放阴干,达到安全含水量时才可进行净种和贮藏。

购买砧木种子时,要选择种核成熟度高、壳坚硬、表面鲜亮、种仁饱满、无病虫、当年采摘加工的新鲜种子。选购种仁时必须具备以下标准:种仁皮呈褐红色、有光泽、无霉味、种仁饱满、大小均匀,种胚和子叶呈白色。山杏种子贮藏1年仍能保持较强生活力,出苗率可达80%,但随贮藏期延长,种子生活力下降,出苗明显减少。因此,种子贮藏期不宜超过1年。瘪子率不超过3%,破碎率不超过5%,净度达到95%。做发芽试验,发芽率必须超过80%。

三、种子质量鉴定

生产中,为了鉴别种子质量和确定播种量,在播种或沙藏前,需要先鉴定一下种子的活力。宜在播种前鉴定种子的质量。鉴定种子活力,常用以下几种方法。

1. 外观鉴定法

有活力的种子特征是:大小均匀、有光泽、无霉味、百粒重较大,种核颜色较深,去核后种仁饱满,剥除种皮,胚和子叶均呈乳白色,不透明,有弹性,手指按压时不易破碎。与此相反的是失去生活力的种子。

2. 染色法鉴定

常用染色剂有红墨水、靛蓝胭脂红、曙红等,其鉴定程序和标准见表2-1。将种子去核在水中浸泡24 h,使种皮变柔软。然后剥去种皮,放入染色剂(5%红墨水或0.1%靛蓝胭脂红或0.1%曙红水溶液)中染色2~4 h,将种子取出,用清水洗3~5次后进行观察,如果胚和子叶没有染上颜色,则是有生活力的种子;如果部分染色,则是生活力较差的种子;如果完全染色,则是没有生活力的种子。如果用碘做染色剂进行测试,结果相反。

表2-1 染色法鉴定种子生活力技术程序及标准

程序 \ 染色剂	红墨水	靛蓝胭脂红	曙红
1. 浸种去种皮	取去核种子100粒,用40 ℃温水浸泡1~2 h,待种皮柔软后用镊子或解剖刀剥去外种皮与内种皮		
2. 染色剂浓度及染色时间	5%~10% 2~4 h	0.1%~0.2% 2~4 h	0.1%~0.2% 1 h
3. 漂洗	从染色剂中取出种子,用清水漂洗		
4. 检查染色情况 — 生活力强	胚和子叶没有染色或稍有浅斑		
4. 检查染色情况 — 生活力弱	胚和子叶部分染色		
4. 检查染色情况 — 无生活力	胚和子叶完全染色		

3. 发芽试验鉴定

播种前取一定数量的经过层积处理的种子,放在25 ℃左右温度条件下进行催芽。计算其发芽百分率,可作为确定播种量的依据。

四、播前种子处理

春天播种用的种子在冬天应进行沙藏处理,一般采用沟藏、拌湿沙层积的方法。沙藏时间的长短视种类而定。在温度保持0~5 ℃的条件下,毛杏种子层积时间一般为3个月。如果在土壤墒情较好的地方采取秋季播种,则不需积层处理。

层积处理的具体方法是：选择通风、背阴、不容易积水的地方挖沙藏沟。沟宽100 cm,沟深60~80 cm,沟长视种子量而定。挖好沙藏沟后,先在沟底铺一层10 cm厚的湿沙。种核在层积处理前应用清水浸泡2~3天,达到种仁吸水状态,然后将种核与湿沙(沙的湿度以手捏成团,但无水滴,松手后又散开为度)按1∶3的比例拌好,将拌好的沙和种核铺在沟内,一直铺到离地面10 cm处,上面用湿沙铺平,然后再用土培成高出地面20 cm的土堆,以防雨雪流入。另外,要预防鼠害,可在沙藏沟四周投以鼠药。沙藏沟内每隔50 cm应竖立一个草把,以利通气供氧、散热(如图2-1所示)。层积温度应在1~5 ℃范围内。层积时间一般90~100天。沙藏过程中应注意检查、翻动,将霉烂种核及时拣出,当有大部分种核裂开时,即可播种。另外,也可采用比较简单的露地背阴处堆放法处理,即将种子在清水里浸泡3天左右,然后将种子与湿沙按1∶5的比例拌均匀,堆放在背阴不积水处,为避免过于干燥,早春可往种子堆上洒些水,解冻后要翻倒一次,当有75%种核裂嘴后则立即播种,效果也较好。

如果春季将种子进行破壳取出种仁,并放置在25 ℃温度条件下,用赤霉素处理,也可以代替层积处理。

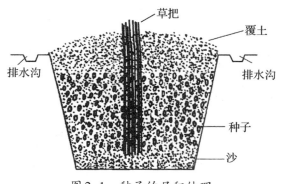

图2-1　种子的层积处理

五、播种

1. 整地

播种用的苗圃地应提前施腐熟有机肥2 000～3 000 千克/亩（1亩=667m²），深翻30 cm 进行土壤熟化，浇水后根据育苗的不同要求把育苗地做成畦。一般将苗圃地整平后直接进行播种的育苗。

2. 播种时期

可采用春播和秋播。在秋、冬季雨雪少的地区易采用春播，可在土壤解冻后进行。在秋、冬季雨雪较多的地区可秋播，在土壤封冻前进行，秋播的种核不用沙藏。

3. 确定播种量

播种量是指单位面积育苗地上播种的数量。确定播种量的原则：用最少量的种子，达到最大的产苗量。单位面积育苗地播种量的大小取决于种子的大小、纯度和计划育苗量、育苗密度。一般根据理论株数、种子千粒重和种子发芽率三要素来确定播种量。例如，山杏种子的千粒重一般在500 g左右，1 kg山杏种子有2 000粒左右，每亩理论株数为10 000～12 000株，保苗株数为8 000～10 000株。机械播种，一般都是理论株数种子量的4～6倍，一般每亩播量控制在40 kg左右。人工点播，一般每亩播量为15～20 kg。机械播种时，发芽率在90%以上的种子，播种用量40～45 千克/亩；发芽率在80%，用量为45～50 千克/亩；发芽率在70%，用量在50～55 千克/亩以上。

4. 精选种子

为了获得纯度高、品质好的种子，确定合理的播种量，以保证播种苗齐、苗壮，在播种前应对种子进行精选。一般采取用水洗法，以去除瘪粒或虫蛀的种子。

5. 种子的催芽

将沙藏处理的种子在20～25 ℃条件下催芽至种子裂口或刚露芽备用。

6. 播种方法

在做好的苗床上，采用人工或机械方法，按株行距点播或条播，株距5～7 cm，行距可采用宽窄行50 cm×30 cm，或均行50 cm。如采用垄式育苗，一垄播双行，行

距20 cm。春播覆土厚度5 cm。播后踏实,并将地表耙松,以利保墒。秋播覆土厚度5～8 cm,并在播后灌冬水,利于种子打破休眠和防止鼠害。为防止鼠害,可每亩撒施3%的辛硫磷颗粒剂1～1.5 kg和10～15 kg细土的混合物,然后耕翻到土壤中。播后覆盖地膜至翌年春天,可提前出苗5～7天,且幼苗健壮。播种过程中的播种、覆土、镇压几个环节的工作质量及配合,对育苗质量和苗木生长有直接的影响。

六、播种后的管理

1. 间苗和补苗

间苗,即将部分苗木除掉。使苗木密度趋于合理,生长良好,以提高苗木质量。间苗应该在苗高10 cm左右或当幼苗展开3～4片(对)真叶、互相遮阴时进行,尽早去掉过密的小苗、弱苗和病苗。幼苗7～8片真叶时,进行定苗,株距12～15 cm,使每亩保留10000～12000株。

2. 断根

主要是截断苗木的主根,促进侧根和须根生长,扩大根系的吸收面积,使根茎比加大,利于苗木后期生长。通过断根还可以减少起苗时根系的损伤,提高苗木移植的成活率。断根的时间宜选择在苗木长到20～30 cm时。在距地表15～20 cm处切断主根。断根后及时浇水。

3. 肥水管理

科学的肥水管理是培育优质壮苗的重要措施。一般情况下,出苗前不宜浇水,更不能大水漫灌,尤其是土质较黏重的土壤。此时灌水,不但出苗率低,而且苗木瘦弱,宜染病。定苗前也尽量不浇水或少浇水,进行蹲苗。苗木进入速长期后,要满足其水分供应,可根据天气和土壤水分情况及时灌水。在苗木生长后期,应控制土壤水分,防止其徒长,促进苗木木质化。

具体灌水次数和灌水量要根据播种苗年生长发育规律(出苗期、苗木生长初期、苗木速生期和苗木硬化期四个时期)和当地的气候、土质、墒情来确定。选定最佳灌溉期和灌溉量,实行合理灌溉,做到少量多次,及时灌溉。

在苗木生长前期主要施氮肥,以满足其迅速生长对氮素的需要;后期应追施以磷、钾肥为主的复合肥,以促进苗木的进一步木质化,使苗干更加充实。整个生长过程中,追肥2~3次即可。第一次追肥于定苗后进行,依地力每亩施尿素5~20 kg。第二次在生长后期进行,每亩施复合肥15~20 kg。每次追肥后要及时浇水。

促进苗木木质化土壤追肥,挖穴或开沟将肥施入土壤均可,一般不要撒施;可采用根外追肥法,将一定浓度的氮、磷、钾和微量元素液肥喷雾在苗木的茎叶上。

4. 中耕除草

及时根据土壤墒情和杂草生长情况进行苗圃地的中耕除草。中耕可疏松表土层,减少土壤水分的蒸发,促进苗木生长。中耕还可以除去杂草,减少杂草与幼苗争肥、争水,保证苗木的营养供应,改善光照和通风条件,减少病虫害的发生和发展,促进苗木正常生长。除草可以采用人工除草、机械除草和化学除草等方法。中耕和除草结合进行。

5. 摘心、抹芽

为保证在芽接前达到嫁接粗度,应根据苗木生长情况适时摘心,一般要求嫁接时,砧木苗距地面5~10 cm处,苗粗为0.5~1.0 cm。

适时摘去苗木顶端(摘心),可促进幼苗的加粗生长,使其及早达到嫁接粗度。摘心过早会刺激发生二次枝和三次枝,影响苗木的加粗。摘心适期为苗木速长后期或顶芽停长前,苗高大约在40 cm,按时间说,可在芽接前30天左右时进行摘心。嫁接前要抹除苗干基部5~10 cm以内的萌芽,以保证嫁接部位的光滑。

6. 病虫防治

杏苗在春季易发生立枯病和猝倒病,低温、高湿的情况下发病更严重。轻者缺苗断垄,重者成片大量死亡。因此,要及早防治,确保砧木苗健壮。可在幼苗出土后对土壤消毒,选用200倍硫酸亚铁溶液或300~500倍的65%代森锌可湿性粉剂灌根,施药后浅锄。

技能训练

实训2-1　杏种子生活力的鉴定和层积处理

一、目的与要求

通过实训,学会果树砧木种子生活力鉴定和层积处理方法。

二、材料与用具

材料:落叶果树或常绿果树砧木种子、洁净河沙、染色剂(5%红墨水)。

用具:烧杯、量筒、培养皿、镊子、托盘天平、解剖刀、挖土工具、层积容器(瓦盆或木箱等)。

三、实训内容

1.种子生活力鉴定。

(1)形态鉴定　取大粒种子100粒,按下列内容进行鉴定:凡杏种子大小均匀,种仁饱满,种皮有光泽,压之有弹性,种胚呈乳白色(不包括胚为绿色或黄色的种子)、不透明,无霉味,无病虫害者均为有生活力的种子;反之,则为失去生活力的种子。最后根据鉴定结果统计有生活力种子的百分率(见表2-2)。

(2)染色鉴定　取种子100粒,按下列顺序操作:

①浸种。将种子放在盛水的烧杯中浸12~24 h,使种皮软化。

②剥种皮。用镊子或解剖刀将软化的种皮剥去。

③染色。将去皮种子放入盛染色剂(5%红墨水)的培养皿中浸2~4 h。

④洗种。从染色剂中取出种子,用清水冲洗。

⑤观察、统计染色结果。凡胚或子叶被完全染色者,为无生活力的种子;胚或子叶部分染色的,为生活力较弱的种子;胚和子叶没有染色的,为生活力强的种子。根据染色结果,统计供试种子生活力无、强、弱及其百分率。

表2-2　砧木种子生活力测定记录表

测定方法		测定结果										备注
测定方法	测定种子粒数	不能染色种子数(粒)				无生活力		生活力弱		生活力强		
		空粒	腐烂粒	病虫害粒	其他	粒数	百分率（%）	粒数	百分率（%）	粒数	百分率（%）	

2.种子层积处理。

（1）挖掘层积坑。选地势稍高、排水良好的背阴处，挖深60～100 cm、宽100 cm左右，长随种子数量而定的层积坑。

（2）拌沙。用水将沙拌湿(含水量约50%)，以手握成团不滴水为度。

（3）层积。先在坑底铺一层湿沙，坑中央插一小草把，然后将种子与湿沙分层相间堆积，堆至离地面10～30 cm处，上覆湿沙与地面持平，再用土堆成屋脊形，坑四周挖排水浅沟。

四、实训提示

本次实训最好结合生产进行，以便学生在实际操作中掌握技术。如条件不具备时，可准备少量种子，用木箱或花盆等容器进行层积处理。或在室外进行模拟演练。

五、实训方法

1.实训时期，落叶果树一般安排在12月至翌年2月进行，具体日期应以既能满足砧木种子所需层积天数，又不影响适时播种为原则安排。

2.实训前一天，教师应组织学生预先浸种，以备第二天染色鉴定用。

3.实训以小组为单位，按形态鉴定、染色鉴定、层积处理顺序进行。因为种子染色需2～4 h后才能观察结果，所以可利用课余时间观察。

4.实训结束后，应组织学生定期对层积的种子进行检查。

六、实训作业

1.果树砧木种子为什么要进行层积处理？

2.种子层积处理应掌握哪些关键技术?

任务考核与评价

表2-3　杏种子生活力的鉴定和层积处理考核评价表

考核项目	考核要点	等级分值				考核说明
		A	B	C	D	
态度	遵守时间及实训要求,团结协作能力及责任心强,注意安全及工作质量	20	16	12	8	①考核方法:采取现场单独考核和提问 ②实训态度:根据学生现场实际表现确定等级
技能操作	①熟练掌握种子生活力鉴定方法 ②掌握种子层积处理时间 ③能独立完成种子层积处理工作	60	48	36	24	
结果	教师根据学生管理阶段性成果给予相应的分数	20	16	12	8	

任务2.2　嫁接苗的培育

知识目标

能够正确选择接穗,并按要求处理接穗。

能力目标

掌握枝接、芽接的操作技术。掌握嫁接成活的检验方法,能够正确地进行嫁接后的管理。

基础知识

一、嫁接苗的特点和利用

通过嫁接技术将优良品种植株上的枝或芽接到砧木苗上,接口愈合后长成的新的植株称为嫁接苗。用作嫁接的枝或芽称接穗或接芽。

由于嫁接苗是由砧木和接穗两部分组成的,因此,可以利用砧木的某些性状和特性,如矮化、乔化、抗寒、抗旱、耐涝、耐盐碱、抗病虫害等,增强栽培品种的抗性和适应性以扩大栽培范围。其次,接穗为优良品种,是取自成熟阶段、性状已稳定的植株,因此,能保持母本品种的优良性状,成长快,结果早。在果树新品种选育上,可利用嫁接来保存营养系变异(芽变、枝变)。嫁接还可促进杂种苗提早结果,以加快选育进程。所以,它在生产上利用得最广泛。

二、影响嫁接成活率的主要因素

1.嫁接亲和力

砧木与接穗的亲和力是决定嫁接成活的主要因素。亲和力指砧木与接穗结合之后成活和正常生长发育能力的大小。亲和力与植物亲缘关系远近有关。一般亲缘关系愈近,亲和力愈强,嫁接苗越易成活。

2.营养条件

砧木生长健壮、发育充实、粗度适宜、无病虫害的苗,嫁接成活率高,接穗(芽)萌

发早生长快;而生长不良的细弱砧木苗,嫁接操作困难,成活率低。

3. 极性

嫁接时,必须保持砧木与接穗极性顺序的一致性,也就是接穗的基端(下端)与砧木的顶端(上端)对接,芽接也要顺应极性方向,这样才能愈合良好,正常生长。

4. 环境条件

嫁接成活率与温度、湿度、光照、空气等环境条件有关。一般温度在20~25℃范围内,相对湿度在95%以上,有利于嫁接伤口愈合。

5. 嫁接技术

嫁接的关键技术,第一,砧木、接穗削面要平整光滑;第二,接穗与砧木的形成层要对齐;第三,固定绑扎严紧,操作过程要迅速准确;第四,要保湿,通常采用塑料薄膜包扎较好。嫁接要熟练、迅速,否则削面易风干,特别是含单宁较多的树种,伤面在空气中暴露稍长便会失水或氧化变色形成隔离层,难以愈合。因此,应选择适宜的嫁接时期、相应的嫁接方法并提高嫁接速度,以促进成活。

三、接穗的选择

用于嫁接的接穗应该采自品种纯正、生长健壮、无病虫害的已结果的优良母树,最好是采自专业的采穗圃。选择剪取树冠外围健壮的1年生枝条或当年新梢,剪取叶芽饱满的中部枝条做接穗。

四、接穗的采集、处理与贮运

夏末(6月底)、初秋(8月底)芽接用的接穗,可选择当年新梢,采后应及时剪除叶片,留较短的叶柄,做好标记,用湿布或水桶保湿,最好随用随采。如果需要保存较长时间或长距离运输,既要保证接穗湿度又要保证接穗不腐烂,应置于温度较低湿度较大的水井、地窖或冰箱中贮存,用保温箱运输。

春季枝接用的接穗于休眠期剪下,可随用随采。亦可结合冬季修剪采集接穗,按50根一捆绑好,做好标记(如图2-2所示),用洁净湿沙埋藏或保存在地窖(或用塑料布包扎放在冷库)中,温度最好能保持在0~5℃,湿度在60%。也可将采集的接穗随时进行封蜡处理,保存在地窖中,可延长休眠接穗的保存期和提高嫁接成活率,同时封蜡接穗便于安全长途运输。接穗保存过程中要定期检查,保证保存湿度和防止霉变。

图 2-2　接穗捆绑

五、砧木的准备

嫁接前要加强砧木苗生长期的管理,保证砧木苗达到嫁接时的粗度要求。在嫁接前3～7天浇一次水,保证砧木水分供应,提高嫁接成活率,同时有利于韧皮部与木质部分离。

六、工具材料的准备

常用的嫁接工具和材料有:嫁接刀(劈接刀、芽接刀、刀片)、修枝剪、水桶(罐)、湿布、绑缚材料(塑料条带等),应在嫁接前准备充足。

七、嫁接

1. 枝接

春季嫁接多用枝接。在砧木苗树液充分流动,叶芽萌动时(轮台3月上旬)为枝接最适期。在接穗的芽未萌动的情况下,枝接时间宁晚勿早,避免二者生长动态不吻合,降低成活率。

枝接多在春天且气温稳定在10～12℃发芽时进行。常用方法有劈接、皮下接和腹接等,通常在大苗或幼树上进行(砧木粗度2～4 cm)。

(1)劈接。

将砧木自地面5～6 cm处剪断,从断面中央劈开一切口,深2～3 cm,然后在接穗距基部 2~3 cm 处开始，向下两侧各斜削一刀，使其成上宽下窄、内薄外厚的楔形，后再将削好的接穗插入砧木切口中，使接穗楔面的皮部与砧木的皮部对齐，接穗的削面不可全部插入，以上边露白 0.5 cm 为度，留下露白部分可使接口愈合良好、牢固。砧木较粗或苗龄较长时，接穗应插得稍靠里些，但要考虑接穗蜡层的厚度，总之，必须使它们的形成层对齐和密接。接穗插好后，用塑料布将接口全部绑严。对没有封蜡的接穗，可用塑料薄膜将其整体裹严，以防失水（如图 2-3 所示）。

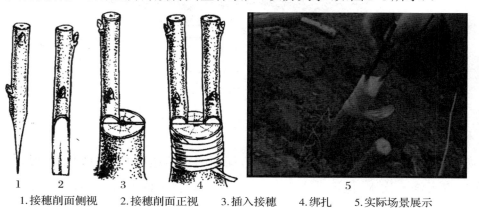

1. 接穗削面侧视　2. 接穗削面正视　3. 插入接穗　4. 绑扎　5. 实际场景展示

图 2-3　劈接

（2）皮下接。

皮下接也叫插皮枝接，是新疆杏嫁接育苗的主要方法。嫁接时根据需要锯去预嫁接部位以上部分（锯口要平，否则应用嫁接刀加以修整），用木扦插入砧木木质部与皮层间，轻轻向下移动 3 cm 左右取出，使木质部与皮层有一个缝隙；然后剪取有 2~3 个芽的接穗，基部削成光滑的马耳形，先端微削绿皮，将接穗插进皮缝内，一般插两个接穗，要插在迎风面，插后用塑料布包接口，内装湿沙土埋到接穗封顶部封扎。半月后穗芽萌动，扎顶放开，待新枝强壮，愈合组织老化时，松绑撤土，在地上插支柱绑固接穗（如图 2-4 所示）。

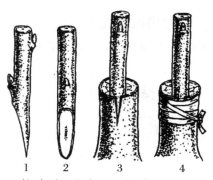

1. 接穗削面侧视　2. 接穗削面正视
3. 插入接穗　4. 绑扎

图 2-4　皮下接

2. 芽接

芽接常用方法有 T 形芽接和带木质芽接，嫁接时间以夏、秋（6 月中旬至 8 月下句)为主。带木质部芽接的成活率最高,嫁接时间长,春、夏、秋皆可进行。因为芽基部突出,不带木质部芽接易造成"空心芽",不易成活。嫁接高度距离地面根茎处以上5~10 cm,最佳的砧木粗度(直径)为0.8~1.0 cm。

(1)T字形芽接。

T字形芽接也叫丁字形芽接。当接穗和砧木都离皮时,可用此法。优点是速度快、效率高。只要离皮,嫁接越早越好,南疆地区以6月上、中旬为最佳时间。6月下旬以后,进入干旱、高温季节,接口愈合会因管理粗放受到影响,且因芽接时间较晚,芽的生长量较小,影响第二年苗木出圃等级。

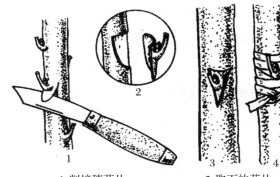

1.削接穗芽片　　2.取下的芽片
3.在切好的砧木上插入芽　4.绑扎

图2-5　T字形芽接

操作方法为:先在接穗饱满芽体的上方0.5 cm处横切一刀,宽约接穗粗度的一半,深以切到木质部为止,再从芽体下方1~1.5 cm处,向上斜削一刀,深达木质部的1/3处,刀口的长度以超过横切口为度,用拇指轻轻推芽,即可取下盾尖向下的芽片。杏树芽片较软,应缓慢插入,不能用力过猛,以免损伤芽轴,或使芽片皱折影响成活。

在砧木阴面距地面10 cm左右的光滑处横切一刀,深度以切断皮层为宜,长度应略大于芽片上部的宽度。再在横切口的中间向下切一刀,长度约1 cm,然后用小刀向两边轻轻撬开树皮,手捏叶柄将削好的芽片芽体朝上、盾尖向下推入皮下,务必使芽片上边与砧木横切口对齐。最后用弹性较好的塑料布绑紧,可露出叶柄(如图2-5所示)。

(2)带木质部芽接。

在接穗和砧木一方不离皮或均不离皮时,可采用带木质部芽接法进行嫁接。春季芽接的适宜时间是从芽萌发膨大到展叶之前,一般从3月中、下旬至4月上旬。生长季节芽接是在夏季以后,一般从8月下旬至9月上旬。

操作方法为:左手倒拿接穗,使芽尖朝向身体。先在接穗芽体的上部1~1.5 cm处,向斜下方削一刀,刀口深度达芽下1~2 mm,长度以超过芽体1 cm左右为度。再在接穗芽的下方0.5～1 cm处与枝条呈45°由上而下斜削一刀,使两刀口相遇,取下带木质的芽片。

在砧木阴面距地面10 cm左右处斜向削一刀,削面与芽片长削面等长,再在刀口的1/2处向斜下方切一刀,方法与削接穗完全相同,削口大小和形状与芽片尽量一致,切砧木第二刀时去掉的部分可少些,然后把接芽放入砧木横切口残留部分之内,除芽片下端外,要露出一线砧木皮层,以使砧木和芽片的形成层对接,如芽片较小时,要使两者形成层一侧对齐,最后用弹性较好的塑料布绑紧、绑严(如图2-6所示)。

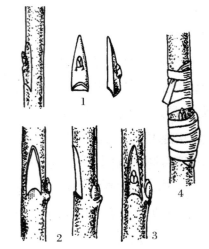

1.削接芽　2.削砧木　3.嵌入接芽　4.绑扎

图2-6　带木质部芽接

不论是芽接还是枝接,接前应浇水,操作用的刀具要锋利,动作要快而准确,砧木接穗形成层要对齐,绑缚须严紧,接后要适时解绑,这些都是保证嫁接成活的关键。

八、嫁接后的管理

1.检查成活和补接

枝接一般在接后20～30天,可检查成活率。成活的接穗上的芽已经萌发生长或芽体新鲜、饱满;未成活的则接穗干枯或变黑腐烂。

芽接一般7～14天即可进行成活率的检查,成活者的叶柄一触即掉,芽体与芽片呈新鲜状态;未成活的则芽片干枯变黑。

嫁接未成活的应及时在其上或其下错位进行补接。

2.解除绑缚物

发现绑缚物太紧,要松绑或解除绑缚物,以免影响接穗的发育和生长。枝接的一般当新芽长至20～30 cm,嫁接口完全愈合时,即可全部解除绑缚物。芽接的一般在嫁接后一个月解绑。如果解绑过早,不利于接口愈合,易被风吹干;解绑过晚则会造成缢痕,不利于苗木生长。

3. 剪砧、抹芽、除蘖

春季芽接,随接随剪砧。夏秋季芽接于翌春杏树萌芽前在接口上 0.5~1.0 cm 处剪砧,刀刃面对接芽一侧,剪口要平滑,使之呈接芽一侧高另一侧稍低的斜截面,如此有利于剪口愈合。未接活的要进行标记和补接。剪砧过早,剪口易受冻和风干,过晚会影响其正常萌发和生长。带木质芽接苗在剪砧前要先解除绑缚物,剪砧时留桩不可过长或过短,过长易使苗木弯曲,过短易因失水影响接芽生长。

枝接成活和芽接剪砧后,砧木常萌发许多蘖芽,为集中养分供给新梢生长,要及时抹除砧木上的萌芽和根蘖。

4. 立支柱

嫁接苗长出新梢时,遇到大风易被吹折或吹弯,从而影响成活和正常生长。故一般大树改接,尤其是枝接,在新梢长到 30 cm 时,需紧贴砧木立一支柱,将新梢绑于支柱上。

九、苗木越冬防寒

苗木的组织幼嫩,尤其是秋梢部分,入冬时如不能完全木质化,抗寒力低易受冻害。早春幼苗出土或萌芽时,也最易受晚霜的危害。苗木越冬防寒的主要措施如下。

1. 增加苗木的抗寒能力

适时早播,延长生长季,在生长季后期多施磷、钾肥,减少灌水,促使苗木生长健壮、枝条充分木质化,提高抗寒能力,亦可采取夏、秋修剪,打梢等措施,促使苗木停止生长,使组织充实,抗寒能力增加。

2. 预防霜冻,保护苗木越冬

苗木有两种越冬方法,一是苗圃栽植越冬,二是假植越冬。

(1)苗圃栽植越冬。

有埋土、培土和苗木覆盖等方法。

埋土和培土,在土壤封冻前,将小苗顺着有害风向依次按倒用土埋上,土厚一般 10 cm 左右,翌春土壤解冻时除去覆土并灌水,此法安全经济,一般能按倒的幼苗均可采用。较大的苗木,不能按倒的可在根部培土,亦有良好效果。

苗木覆盖是在冬季用稻草或落叶等把幼苗全部覆盖起来,次春撤除覆盖物,此法与埋土法类似,可用于埋土有困难或易腐烂的树种。

(2)苗木假植越冬。

苗木假植是将苗木根系用湿润土壤进行暂时埋植。秋季起苗后,选择地势高、干燥、排水良好、土壤疏松、避风,便于管理的地段开假植沟,沟的深宽视苗木大小和土壤情况而定,靠苗的沟壁作45°的斜壁,顺此斜面将苗木成捆或单株分层排放,每层苗木不宜过多,然后填土踏实,使苗干下部和根系与土壤紧密结合,如土壤过干,假植后适量灌水,但切忌过多,以免苗根腐烂。在寒冷地区,可用稻草、秸秆等将苗木地上部加以覆盖,假植期间要经常检查,发现覆土下沉要及时培土。

技能训练

实训2-2　嫁接技术训练

一、目的与要求

学习杏芽接和枝接的方法,熟练操作技术,掌握嫁接成活的关键。本次实习主要是练习室外嫁接技术。

二、材料与用具

材料:供杏嫁接用的砧木和接穗;塑料薄膜条。

用具:芽接刀、切接刀、修枝剪、手锯、磨石、水桶。

三、实习内容

1.芽接法。

(1)芽接的时期。 生长季凡皮层能够剥离时均可进行,其中6—9月份是主要芽接时期。

(2)芽接练习。进行T字形芽接、带木质部芽接的训练,练习削芽片、切砧木、插接芽等关键技术(方法见本项目芽接部分)。

2.枝接法。

(1)枝接的时期。只要具备条件,一年四季都可进行枝接,但以春季萌芽前后至展叶期进行较为普遍。只要接穗保存在冷凉处不萌发,枝接时间还可延长。

（2）枝接练习。进行劈接、皮下接和切接的训练,练习削接穗、劈砧木、插接穗和绑缚等关键技术。

四、实训提示和方法

1. 选择当地最适用的几种嫁接方法进行室内练习。
2. 实训前预先准备好各种嫁接方法的实物标本,每小组1套,便于学生学习。
3. 嫁接前,先由指导教师或熟练技工逐项示范操作,学生领会后独立操作,反复练习。教师和技工巡回检查指导,纠正错误,直到学生熟练掌握嫁接技术。
4. 嫁接后,利用业余时间适时检查成活,统计成活率。

五、实训作业

1. 每个学生交嫁接实物1份。
2. 检查成活情况后分析原因。

任务考核与评价

表2-4 嫁接技能考核评价表

考核项目	考核要点	等级分值				考核说明
		A	B	C	D	
态度	准备充分(刀剪锋利);训练认真;团结协作;钻研问题;遵守安全规程;	10	8	6	4	①枝接或芽接任选一种,对学生嫁接技能掌握情况进行考核。考核时间,枝接在春季萌芽前进行;芽接在6~9月进行 ②方法采取现场操作加提问,或结合生产进行实际操作(统计成活率作为评定成绩的主要依据)
技能操作	1.枝接:①能正确持拿接穗,正确使用刀剪;②劈接、皮下接或舌接、桥接随机抽取一种方法,能顺利操作;③操作过程正确、规范、熟练 2.芽接:①能正确持拿接穗,正确使用刀剪;②T字形芽接、带木质芽接或方块芽接等随机抽取一种方法,能顺利操作;③操作过程正确、规范、熟练	30	24	18	12	

续表

考核项目	考核要点	等级分值 A	B	C	D	考核说明
结果	1. 枝接：①在规定时间内完成嫁接实物10份；②接穗削面长度适宜，平整、光滑；③砧木剪截面平整，劈口符合要求；④砧穗形成层对齐，接触紧密无缝，接穗保持端直；⑤包扎严密，压茬整齐，包扎材料用量适宜；⑥成活率高，生长健壮 2. 芽接：①在规定时间内完成嫁接实物10份；②芽片大小适宜，刀口平整光滑；③砧木切口符合要求；④芽片插入砧木切口镶嵌适宜，砧木皮层包被良好；⑤包扎严密，压茬整齐，包扎材料用量适宜；⑥成活率高，生长健壮	50	40	30	20	③实训态度根据学生现场实际表现确定等级
创新	能总结出提高嫁接速度的操作要点	10	8	6	4	

任务2.3　苗木出圃与分级标准

知识目标

熟悉苗木出圃、起苗、分级、检验、包装、运输各个环节的操作步骤及标准。

能力目标

掌握杏苗木分级、包装、检验和贮运的相关专业术语和技术规程。

基础知识

一、苗木质量调查的目的和要求

苗木出圃前,为了得到精确的苗木产量和质量数据,需在苗木地上部分停止生长后,落叶树种落叶前,调查苗木产量、质量。

二、调查方法

1. 计数统计法

数量较少的苗木,为了做到统计数据准确,可逐株测量其分级指标,统计苗木数量和质量。

2. 标准行法

在苗木生产区,选择有代表性的标准行一至多行,逐株测量其分级指标,统计每行平均苗木数量和质量,然后推算出全生产区苗木的数量和质量。

标准行一定要在数量上和质量上具有代表性,否则调查的数据不准确,也不能代表全生产区苗木的数量和质量。

3. 样地法

在苗木生产区,采用机械抽样法或随机抽样法,每隔一定距离抽取一个方形、线形或圆形的样地,样地的大小根据苗木的大小和株行距决定,逐株测量其分级指标,统计计算平均1个样地的苗木数量和质量,然后推算出全生产区苗木的数量和质

量。样地数量以满足精度要求的最少样地数为宜。一般密度均匀,苗木生长整齐则样地宜少,否则样地宜多。常用经验数字法预估样地数量,然后进行统计计算。

三、出圃时间

苗木出圃是育苗的最后环节。生产中所用的杏嫁接苗多为1年生干、2年生根的成品苗。一般于苗木休眠期出圃。

春季嫁接的苗木经过一个生长季的培养达到出圃标准,即为成品苗,于当年秋季落叶后或翌春发芽前出圃。

夏秋季芽接的苗木需经过一个生长季的培育后成为成品苗,于第二年秋季或第三年春季出圃。于秋季或翌春不经剪砧即行出圃,称为半成品苗或芽苗。一般在生产中不使用半成品苗或芽苗。

四、起苗

起苗时,首先要保证土壤湿润,苗木含水量充足;其次要保证苗木有较多的须根。

自育自栽的苗木,最好随栽随起苗,这样有利于成活。远销外地的以秋季起苗为宜,以免因运输不利影响栽植成活率。

起苗最好选择在阴天,或在早晨、傍晚进行。大风天气苗木易失水过多,会影响栽植的成活率和幼树的生长势。如果土壤干旱,起苗前应浇一次透水。这样,不仅有利于保全根系,而且起苗省时、省力。起苗时,先在苗行的一侧开沟,切断主根后,再逐棵挖掘。要尽量少伤根,多保留须根,以利于提高栽植后的成活率。起苗深度一般是25~30 cm。起苗时应注意保护接芽(半成苗)或接口部,使其免受伤害。

五、苗木分级

为了保证苗木的质量及栽植后的管理,起苗后,应及时在避风处或贮藏库内进行苗木分级。一般按苗木大小、根系质量等将苗木分成不同的等级,分级过程中要注意剔除杂苗。为保证苗木新鲜,分级应在起苗后立即进行。挖出的苗木要避免风吹日晒,不能及时运出的,可暂时进行假植。杏苗木质量分级指标如表2-5所示。

表2-5　苗木质量分级指标（轮台小白杏标准体系）

项目		一级	二级
干	苗高(cm)	≥130	≥100
	干粗(cm)	≥1.5	≥0.8
接合部		充分愈合	
芽		主干上40～60 cm茎段内有8个以上饱满芽	主干上40～60 cm茎段内有6个以上饱满芽
主根	长度(cm)	≥30	≥25
侧根	数量(条)	≥4	≥3
	长度(cm)	≥20	≥10
	粗度(cm)	≥0.4	≥0.3
根、干损伤	无劈裂、表皮无干缩		

六、苗木假植

苗木假植是将苗木根系用湿润土壤进行暂时埋植。

起苗后应立即进行修整、分级，不得延误。苗木不能立即移植或运出圃地，或运到目的地后不能及时栽植，需置于阴凉潮湿处，根部和苗干下部以湿土掩埋或保湿物覆盖，采取临时假植。防止苗根受风吹日晒而失水，影响栽植成活率。临时假植时间不能过长，一般5～10天。

七、苗木贮藏

为保证苗木安全越冬，推迟苗木萌发，以达到延长栽植时间的目的，可利用冷藏库、冰窖、地窖等进行低温贮藏苗木，温度多控制在1～5 ℃。关键技术是要控制温度、湿度和通气条件，避免苗木霉变、腐烂或受冻。

八、苗木质量检验、检疫与消毒

为确保苗木的质量，国家和各级主管部门均制定了苗木生产许可证、苗木质量合格证和苗木检疫合格证的"三证"制度，对苗木质量的检验、检疫与清毒等环节做了相关规定。

1. 抽样

大批量苗木的质量检验采用抽样方法进行,抽样数应不低于5%。

起苗后,苗木质量检验要在一个苗批内进行,采取随机抽样的方法。成捆苗木先抽样捆,再在每个抽样捆内各抽10株。不成捆的苗木直接抽取样株。

2. 检验

苗木检验工作应在背阴避风处进行,注意防止根系失水风干。苗木检验主要检验苗高、干粗、主根长度、侧根长度及侧根数量、饱满芽个数等指标。检验结束后,填写苗木质量检验合格证书(如表2-6所示)。凡出圃的苗木,均应附苗木质量检验证书,向外地调运的苗木要经过检疫并附检疫证书。

"苗高"指自地径至顶芽的长度;"干粗"指嫁接部位以上苗干正常处的直径;"根系长度"指自根径处至根端的长度;"饱满芽个数"是指主干上发育正常、健康的芽的个数。苗高及根系长度用钢卷尺或直尺测量,干粗用游标卡尺测量。

表2-6　杏树苗木质量检验合格证书

受检单位		出圃日期	
砧木品种		砧木来源	
接穗品种		接穗来源	
苗木数量		苗木等级	
包装日期		收苗单位	
检验单位(检验人)		检验证书编号	

3. 检疫与消毒

对输出、输入苗木进行检疫,是为了防止危险性病虫害传播蔓延,将病虫害限制在最小范围内。带有"检疫对象"的苗木,一般不能出圃;病虫害严重的苗木应烧毁;即使属非检疫对象的病虫也应防止传播。

因此,苗木出圃前,需进行严格的消毒,以控制病虫害的蔓延传播。常用的苗木消毒化学药剂有:石硫合剂、波尔多液、升汞、硫酸铜等。

九、苗木的签证、包装、保管与运输

1.签证

苗木全部质量指标检验结束后,经综合评定,符合标准者,检验人需填写苗木质量检验合格证书,一式两份,由购销双方收存。

2.包装

苗木分级后,运输前应按品种、等级分类包装,包装可用包装机或手工包装。常用的包装材料有:苗木保鲜袋、聚乙烯袋、聚乙烯编织袋、草包、麻袋等。按每捆50株从主茎下部、中部捆紧。苗木包装前常用苗木沾根剂、保水剂或泥浆处理根系,或喷施蒸腾抑制剂,或包裹湿润的稻草、草帘、麻袋等保湿材料,减少水分丧失,以不霉、不烂、不干、不冻、不受损伤为准。搬运、装卸苗木时,应避免机械损伤。同时应包装整齐、规范,如发现混淆或错乱,包装不符合规定等,不予验收。包装容器内、外要挂标签或印刷苗木标识,注明树种、品种、苗龄、苗木数量、等级、生产苗圃名称、包装日期等信息,系挂牢固。标签内容如表2-7所示。

表2-7 苗木标签

苗木类型		树种(品种)名称		产地	
生产者(经营者)名称			生产者(经营者)地址		
苗木数量			植物检疫证书编号		
生产许可证编号			质量检验日期		
生产日期			收苗单位		
苗木质量	苗龄 主根长	苗高 ≥30cm Ⅰ级侧根数		地径 质量等级	

3.保管与运输

保管有临时存放和越冬保管两种。

临时存放是起苗后随即依次进行修整、分级,不得延误。如因故拖延,须将苗木置于阴凉潮湿处,根部以湿土掩埋或保湿物覆盖。不能立即栽植或外运的苗木须临时假植。

越冬保管是保存在一定湿度的假植沟中。假植沟要选在背风、向阳、干燥处。

苗木运输时间在一天以内,可直接用篓、筐或大车散装运输,筐底或车底垫以湿草或苔等,摆放整齐,并与湿润稻草分层堆积,覆盖以草席或毡布即可。如果是超过一天的长途运输,必须对苗根进行妥善保水处理,将苗木细致包装,并在运输过程中要经常检查苗木包的温度和湿度,保持良好湿度和适宜的温度,尽量减少苗木失水,提高栽植成活率。

装卸苗木时要轻拿轻放,以免碰伤树体。

苗木运输要适时,保证质量。要做好防雨、防冻、防火、防风干等工作。到达目的地后,要尽快定植或假植。苗木在运输、存放、假植的过程中,要采取必要的措施,以防止混杂、霉烂、冻、晒、鼠害等。

技能训练

实训2-3 苗木的挖掘、分级、包装和假植

一、目的与要求

通过实际操作,使学生掌握起苗、检疫、消毒、分级、包装和假植等苗木出圃的一套技术操作方法。

二、材料与用具

准备出圃的各种果树苗木,锨,起苗机,草绳和草袋,石硫合剂,波尔多液,熏蒸室(箱)。

三、实训内容

1. 苗木的挖掘。

起苗方法:一般小型苗圃多用铁锹人工起苗,大型苗圃因起苗工作量大,多用起苗机进行。起苗时,应尽量避免伤根和碰伤苗木。苗木如需带土时,起出后应立即用稻草或塑料薄膜包扎牢固。不带土的苗木可进行适当修剪,应将根系中挖伤及劈裂的部分剪掉,并将不充实的枝梢剪掉。按不同品种分好,根据苗木质量进行分级。

2. 苗木的分级(如表2-5所示)。

3. 苗木的检疫和消毒。

4. 苗木的包装。

5. 假植。

假植的方法：先挖一条假植沟。沟的方向可根据当地情况确定，沟的宽度一般为 50 cm 左右，深度为 60～100 cm，长度因假植苗木数量而定。然后将苗木按不同品种分别放入假植沟中。未能自然落叶的苗木必须将苗上的叶片去掉，以防苗木发霉。放苗木时，梢部向南，以防日烧。依次倾斜地放入沟中，用土将苗木埋上。每一个品种要放入标签。品种与品种间要相隔 30～50 cm，以防混杂，并绘制一份假植图。覆土时要分层进行，使根系与土壤密接。覆土厚度为苗木的 2/3，干寒地区苗木要全部埋入土中，以防苗木梢部抽干。同时注意防鼠、兔等为害。

四、实训作业

参加苗木的挖掘、分级、包装和假植工作，提出上述几项工作应掌握的要点和改进意见。

任务考核与评价

表2-8 苗木的挖掘、分级、包装和假植考核评价表

考核项目	考核要点	等级分值				考核说明
		A	B	C	D	
态度	遵守时间及实训要求，团结协作能力及责任心强，注意安全及工作质量	20	16	12	8	①考核方法：采取现场单独考核和提问相结合 ②实训态度：根据学生现场实际表现确定等级
技能操作	①起苗数量和质量 ②苗木修整与分级、包装 ③安全操作	60	48	36	24	
结果	在操作中，有新发现，能提出新观点	20	16	12	8	

项目 3 建园与定植技术

✈ 项目目标 ✈

知识目标

1. 了解园地选择的基本要求。
2. 掌握园地规划的内容、要求和程序。
3. 掌握建园的各种栽培模式的栽植密度及栽植技术。
4. 了解授粉树应具备的条件及配置方式。

能力目标

1. 能够结合当地的自然条件,在老师的指导下能完成简单的杏园规划设计。
2. 能够根据园地规划要求,采用移栽苗建园技术建立杏园。
3. 熟练掌握杏树栽植技术及栽后管理工作内容。

素质目标

培养搜集资料,分析、加工和整理资料的能力;培养科学严谨的工作态度和吃苦耐劳的工作精神。

任务 3.1　园地规划与设计

知识目标

熟悉果园规划5个要素的规划设计，在老师的指导下能完成果园规划设计，了解授粉树应具备的条件及配置方式。

能力目标

学会果园规划设计。

基础知识

建立商品化生产杏园应选择生态条件良好，环境质量合格，并具有可持续生产能力的农业生产区域。生态条件良好就是坚持适地适栽的原则，在杏树的生态最适宜区或适宜区选择园地，并从气候、土壤、地势、水源、社会经济条件等方面分析评价其优劣，从中选出最佳地段作为园址；环境质量合格是指园地的空气、土壤及农田灌溉水必须符合国家标准，以确保果品无污染、食用安全；可持续生产，就是选择良好的环境条件，保护生态环境，采用无公害生产技术，实现优质、丰产、高效和永续利用的目标。

一、园地的选择

杏是多年生、寿命长、根系深的一种果树，数十年甚至几百年生长在一个地方。在该地区大气候适宜的前提下，选择具体的地块。杏树抗旱、耐瘠薄、不耐涝。一般情况下要选择雨季地下水位在1.5～2.0 m，土壤pH值6.5～8.0，总含盐量0.2%以下的壤土或砂壤土地作为苗圃。杏树花期早，受到春季回寒天气影响大，为了防止花期受到风尘、霜冻的危害，多把杏树栽植在村庄附近，大面积建园时一般建在排水通气良好的缓坡地、沙滩地，低洼地区一般不宜建园。此外由于杏果实不耐运输，杏园应该建立在交通便利的地方，园址靠近公路或者大道，尤其是以鲜食品种为主的杏园，更应该靠近城市，临近市场，来减少运输过程中间的损失，供加工用的杏园也应该建立在加工厂附近。

二、总体规划设计

在进行园地规划设计时,对果树栽植作业区、道路、排灌系统、防护林、配套设施等必须进行全面合理的规划设计,其原则是节约用地、方便管理、各尽其能、保证效益。

1.作业区

作业区也称小区,是果园土壤耕作和栽培管理的基本单位。划分作业区应根据果园面积、地形等情况进行,应使同一小区内的地势、土壤、气候条件等尽可能保持一致,以便于实行统一生产管理和机械作业。

一般情况下,气候条件好的地区大型果园可以以 10 hm² 左右为一个小区;气候条件不太好的地区可以以 6.67 hm² 左右为一个小区;气候条件恶劣的地区可以以 2.67 hm² 左右为一个小区(如图3-1所示)。

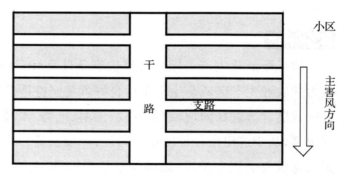

图3-1 小区划分与道路示意图

小区的形状应呈长方形,其长边尽量与当地有害风方向垂直,以增强抗风能力,以便于机械化作业,提高劳动生产率。

2.道路系统的规划

果园应规划必要的道路,道路的布局应与栽植小区、排灌系统、防护林、贮运及生活设施等相协调。在合理便捷的前提下尽量缩短距离,以减少用地,降低投资。面积在 8 hm² 以上的果园,应设置干路、支路和小路(如图3-2所示)。

(1)干路。

干路应与附近公路相接,园内与办公区、生活区、贮藏转运场所相连,并尽可能贯通全园。干路路面宽 6~8 m,能保证汽车或大型拖拉机对开。

(2)支路。

支路连接干路和小路,贯穿于各小区之间,路面宽 4~6 m,便于耕作机具或机动车通行。

(3)小路。

小路是小区内为了便于管理而设置的作业道路,路面宽 2~3 m,须能通过大型喷雾器,也可根据需要临时设置。

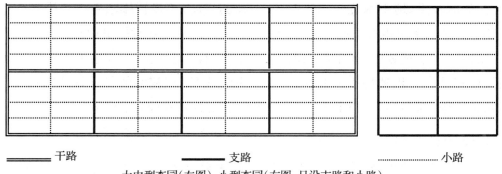

── 干路　　── 支路　　…… 小路

大中型杏园(左图)　小型杏园(右图,只设支路和小路)

图 3-2　道路设置

3. 灌溉系统

灌溉系统要与道路系统和防护林系统相结合规划,路旁、防护林旁设置灌水渠或排水渠。灌溉系统包括输水渠和灌溉网络。

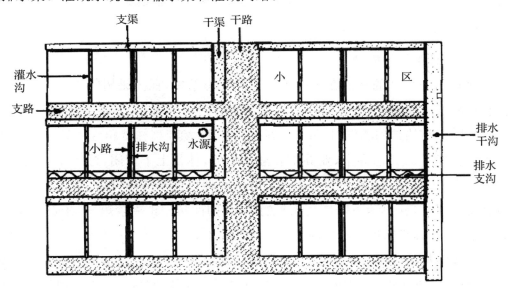

图 3-3　灌排系统设计

输水渠贯穿全园,位置要高,设在果园的一边,外接引水渠(干渠或支渠),内连灌溉渠,其比降为 0.2%。灌溉渠设在小区内,与输水渠垂直相接,在大型杏园或地形变化较大的杏园中,可设置两级输水渠,即支渠和农渠,两者垂直相连,水源由外界干渠引入支渠,输进农渠,再输到灌溉渠进行灌溉。各级渠的交接处应设置闸门及涵管,在渠道与道路的相交处要架设桥梁(如图3-3所示)。

在盐碱较重、地下水位较高、透水性较差的杏园,可设置排水系统。排水系统也设两级,与灌溉系统相对设置,并与外界总排渠相接,便于及时排出积水和土壤盐分。

在果园引水规划中,如水源为河水,可进行自流式取水,如利用地下水作为灌溉水源,可打井利用机器抽水。井灌,应做好井位布局,根据井的供水量确定每 13.3～16.7 hm² 安排一眼机井(深 100～160 m),井距最好保持在 300 m 以上。

4. 辅助建筑物

果园内的各项生产、生活用的配套设施,主要有管理用房、宿舍、库房(农药、肥料、工具、机械库等)、果品贮藏库、包装场、晒场、机井、蓄水池、药池、沼气池、加工厂、饲养场和积肥场地等。配套设施应根据果园规模、生产生活需要、交通、水电供应条件等进行合理规划设计。通常管理用房建在果园中心位置;包装与堆贮场应设在交通方便相对适中的地方;贮藏库设在阴凉背风连接干路处;农药库设在安全的地方;配药池应设在水源方便处,饲养场应远离办公和生活区。

5. 防护林

(1)防护林类型及树种。

果园设置防护林的目的在于改善果园的生态条件,保护果树的正常生长发育。防护林可降低风速,减少风害,调节温度,增加湿度,减轻冻害,提高坐果率。

根据防护林的结构和作用,可分为紧密型林带、稀疏型林带和透风型林带三种。

①紧密型林带。由乔木、亚乔木和灌木组成,林带上下密闭,透风能力差,风速 3～4 m/s 的气流很少透过,透风系数小于 0.3,在迎风面形成高气压,迫使气流上升,跨过林带的上部后,迅速下降恢复原来的速度,因而防护距离较短,但在防护范围内的效果显著,在林缘附近易形成高大的雪堆或沙堆。

②稀疏型林带。由乔木和灌木组成,林带松散稀疏,风速 3～4 m/s 的气流可以部分通过林带,方向不改变,透风系数为 0.3～0.5,背风面风速最小区出现在林高的 5～10 倍处。

③透风型林带。一般由乔木构成,林带下部(高 1.5～2.0 m 处)有很大空隙透风,透风系数为 0.5～0.7。背风面最小风速区为林高的 15～20 倍处。

一般认为果园的防护林以营造稀疏型或透风型为好。在平地,防护林可使树高20～25倍距离内的风速降低一半。

防护林树种一般选择生长迅速,树体高大,寿命长,适应性强,抗逆性强,与杏树无共同病虫害,根蘖少,不串根,有一定经济价值的树种。最好选用乡土树种。

乔木常用树种有:新疆杨、箭杆杨、沙枣等。

小乔木和灌木常用树种有:刺槐、枸杞、野蔷薇。

(2)防护林的营造。

防护林由主林带、副林带和折风线组成。

防护林设置时应考虑主林带和副林带的位置。主林带应与当地有害风向或常年大风的风向垂直,因特殊情况不能垂直时,可有小于30°的偏角。副林带是主林带的辅助林带,与主林带相垂直,可辅助主林带阻拦由其他方向来的有害风,加强主林带的防护作用。折风线与主林带平行,位于主林带之间,在主林带间距过大,而又不宜增设一条主林带时应用(如图3-4所示)。

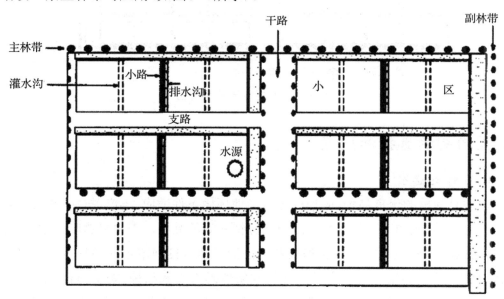

图3-4　大型杏园防护林带设计

一般情况下,主林带间的距离可按200～300 m配置;副林带的距离在条件较好的地方可加大到400～500 m,风沙大的地区可缩短到300 m。

林带与末行果树的距离,在充分利用土地原则下,应为机械作业留有回旋余地,防止林带遮阴和林带串根等。一般要求南面林带距末行果树不少于10 m,北边林带不少于7 m。

主林带行数一般为5行左右,副林带行数一般为2～4行,折风线2行。一般林带中间各行为乔木,两边各行栽灌木。但也有乔、灌隔株混栽的。

防风林带内乔木的行距为2～2.5 m,株距为1～1.5 m;灌木的株行距均以1 m为宜(如图3-5所示)。

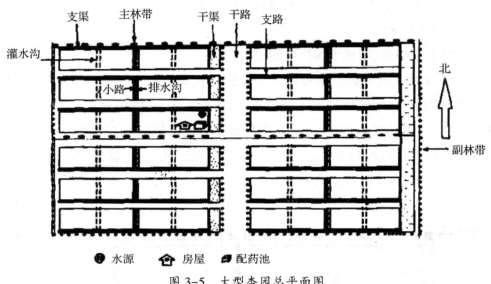

图3-5 大型杏园总平面图

三、授粉树的选择和配置

1.品种的选择

建园时栽植的优良品种,应当选择对当地环境条件适应、丰产、抗病、果实综合性状优良、宜生食或加工、耐贮运、预测市场行情看好的品种。杏树易遭晚霜危害,注意选用晚开花品种,应选择经过新疆维吾尔自治区林木良种审定的品种或根据各地对鲜食、制干、加工等用途的要求及当地气候条件确定主栽品种,如小白杏、木亚格、赛买提、阿克乔尔胖、黑叶杏、胡安娜、克孜郎、阿克娜瓦提等优良品种可作为主栽品种。

2.授粉树的配置

注意配置合适的授粉品种。配置1～2个授粉品种,与主栽品种比例以(6～8):1为宜,要求授粉品种与主栽品种花期相遇,授粉亲和良好,并且果实具有较高的经济价值。

杏树虽然具有完全花,但是常常表现出自花不孕或者自花授粉结实率很低的情况,这也是造成杏树低产的一个主要原因,所以为了保证充分授粉,获得高而稳定的产量,必须在建园时合理选择和配置授粉树。首先根据果实用途和生态环境条件(特别是低温和霜冻)确定主栽品种,然后配置授粉品种。授粉品种的选择应满足以下条件。

①授粉树本身尽可能也是优良品种,经济价值要高。

②与主栽品种尽可能是相互授粉的,利于互相提高坐果率。

③授粉品种必须与主栽品种花期相同,花粉多,亲和力强,成熟期最好与主栽品种相同或相近,便于管理。

④授粉树与主栽品种应有一定比例,过少不足以保证坐果,难以达到丰收的目的。

⑤配置授粉树时,应选用果大、色美、形好、品质好的品种。

⑥与主栽品种始果年龄和寿命相近。

⑦能适应当地环境,容易栽培管理。

授粉树的配置方式,应根据授粉品种所占比例、果园栽培品种的数量和地形等确定,杏园授粉品种配置方式主要有两种(如图3-6所示)。

```
××××××××        ××××××××
×○××○××○×        ○○○○○○○○
××××××××        ××××××××
××××××××        ××××××××
×○××○××○×        ××××××××
××××××××        ××××××××
××××××××        ○○○○○○○○
×○××○××○×        ××××××××
××××××××
   中心式(8∶1)      行列式(2∶1或4∶1)
          ○授粉树 ×主栽树
```

图3-6 授粉树的配置方式

中心式(8∶1):授粉树较少时,为能均匀授粉,提高受精结实率,每8株配置1株授粉树于中心位置。即纵横向均以每2株杏,配置1株授粉树,这种配置方法,主栽品种比重提高到88%,授粉品种比重降到12%。

行列式(2∶1或4∶1):大面积果园,为管理方便,将主栽品种与授粉品种分别成行

栽植。授粉树较少时,每隔2～3行主栽品种配置1～2行授粉品种。如果授粉品种也是主栽品种之一,可各3～4行等量相间栽植,主栽品种占80%,授粉品种占20%,这两个品种同样具有较高的商品价值,互为授粉品种。

技能训练

实训3-1　果园的规划与设计

一、目的与要求

果园的规划设计是建园前的重要工作。要求学生结合本地情况进行果园设计。通过实际设计,学会果园规划设计的步骤和方法。因实习的内容较多,亦可安排在教学实习内进行。

二、材料与用具

材料:选附近要建园的场地作为实习对象。

用具:做好测量和绘图等用具的准备工作,如水准仪、平板仪或经纬仪、标杆、塔尺、木桩、比例尺、三角板、方格坐标纸、铅笔、橡皮、绘图纸、记载纸等。

三、实训内容

1. 果园的踏查。

在建园以前,首先要对园地进行全面踏查,了解园地边界,地形概貌,找出园地的特点,并对附近果园进行访问和调查,只有在完成这项工作的基础上,才能设计好新建的果园。调查的内容如下。

(1)对自然环境条件的调查和了解。

①了解土壤条件。挖土壤剖面,观察表土和心土的土壤类型和土层厚度。调查土壤酸碱度、地下水位。

②了解全年最高、最低温度,无霜期,年降雨量和雨量分布情况,不同季节的风向和风力。

③观察园地的坡向和地貌。调查园地植被。

④了解水源的位置和水质、原有建筑物的位置、四周的村庄、交通条件等。

(2)对附近果园的观察了解。

①了解各种果树树种和品种的生态反应,主要病虫为害情况,作为选择树种和品种的参考。

②其他自然灾害:日烧、雹害、冻害、霜害、涝害等。

③观察了解防风树树种的生长情况,作为果园选择林木树种的参考。

(3)建园后对当地人力、物力条件进行了解。

2.园地测量。

用测量仪器测出园地的地形图,其中包括建筑物、水井等位置,并将野外测量的地形资料,回到室内绘出一定比例的地形图。

3.绘果园规划图。

在地形图上按一定比例绘出规划图,其中包括:

(1)小区:绘出每个小区的位置,并注明每个小区的树种和品种。

(2)道路:绘出干路、支路的位置和区内小路的位置。

(3)排灌系统:绘出主渠和支渠的位置和剖面图,将此图附在果园规划图上。

(4)防护林的设置:绘出主林带和副林带的位置,绘出栽植方式图,将此图附在果园规划图上。

果园规划图绘好后,在图的一角注明:①小区的区号,每个小区的面积、树种、品种、株行距;②用图例表示出道路、灌水系统、防护林、建筑物、水井。

4.写出果园规划设计书。

果园规划设计书主要是对规划进行说明和施工的文字说明。其中包括:

(1)小区:每个小区的面积、树种和品种、授粉树的配置、栽植距离;栽植方式;每小区的栽植株数;全园栽植果树的总面积,总株数;每个树种的总面积,总株数;早、中、晚熟树种和品种所占的比例。

(2)道路:说明干路、支路、小路的宽度,路边的行道树种,栽植距离,路边排水沟的宽度和深度。计算出道路占全园总面积的百分比。

(3)灌水排水系统:说明主渠、支渠的宽度和高度,排水沟的宽度和深度。计算排灌系统占全园总面积的百分比。

(4)防护林:说明主林带和副林带行数、树种(乔木和灌木)、栽植方式、距第一行果树的距离。计算防护林占全园总面积的百分比。

(5)建筑物:说明建筑物名称、面积、要求,计算其占全园总面积的百分比。

四、实训提示和方法

1.根据实训条件选择参观已规划设计的果园,以进行或模拟规划设计,或实地建园规划设计等形式完成实训任务,并由指导教师根据实训形式确定具体内容和要求。

2.学生分组实训,小组间定期交流,教师统一指导。

五、实训作业

1.绘制果园规划平面图。

2.编写规划设计说明书。

任务考核与评价

表3-1 果园规划设计考核表

考核项目	考核要点	等级分值 A	B	C	D	考核说明
态度	积极主动,吃苦耐劳;爱护仪器;遵守安全规定;团结协作,钻研问题	10	8	6	4	①果园规划设计能力的考核,应结合实训进行,将学生分成实习小组,在教师的指导下完成规划设计任务 ②调查工作在教师指导下进行,或由教师直接提供有关资料 ③果园总体规划设计项目应根据规模和实际需要由指导教师确定 ④考核成绩的评定以实习小组完成的整体规划设计材料为主,参考实训中的表现及其他方面综合评定
技能操作	①能利用经纬仪或罗盘仪进行导线与碎部测量;仪器操作使用正确、规范、熟练 ②能绘制平面图,会计算面积 ③能完成果园总体设计任务 ④能完成果园规划设计说明书的编写工作	30	24	18	12	
结果	①测量数据达规定精度要求 ②完成规划区平面图的绘制任务 ③完成小区划分、道路规划、排灌系统设置、树种与品种选择、栽植设计等规划设计任务,各项设计合理,具有实用性和可操作性 ④完成果园规划设计说明书的编写任务	50	40	30	20	
创新	整体规划设计体现以果为主、适地适栽、节约用地、降低投资、先进合理、便于实施的设计原则	10	8	6	4	

任务3.2 苗木的定植

知识目标

熟练掌握建园各环节的操作步骤,包括栽植前的土壤准备、按栽植密度标记定植穴、挖定植穴、苗木准备、苗木定植及栽植后管理等内容。

能力目标

熟练掌握栽植技术。

基础知识

一、苗木的栽植时期

杏树的栽植可以分为春季栽植和秋季栽植两种。春季栽植在土壤解冻之后,杏树萌动以前进行。在新疆南疆地区一般在3月中下旬进行,北疆地区在4月中下旬进行。秋季栽植则是在落叶后,土壤封冻以前进行。秋季栽植在降水较多、春季干旱的地区容易成活,因为土壤湿度和空气湿度都比较高,而且距离第二年春季生长时间较长,有利于根系的恢复,缓苗时间短。新疆冬季严寒,秋季栽植的苗木冬季需要进行防寒,否则容易出现抽干和冻害,所以应该以春季栽植为宜。

二、土壤的准备

杏树虽然是抗干旱、耐瘠薄的果树,但是深厚而肥沃的土壤更能保证杏树的良好生长和高产。因此当园址选择后,就应当对栽植地的土壤进行深翻和熟化,增施有机肥料,耕翻深度以30 cm左右为宜,每亩施腐熟的牛粪或其他农家肥4000～5000 kg。若在种植过桃、杏、李、樱桃的地方建园,为避免再植病的发生,应该进行土壤深翻,彻底清除残根,并对土壤进行消毒。一般用37%的甲醛或者70%溴甲烷来杀灭土壤中的线虫、真菌、细菌和放线菌等。

三、苗木的栽植方法

1. 挖定植穴

根据确定的栽植方式和株行距,先在地面上标明定植点,可用撒石灰或者插木棍的方法标志。然后按照设计要求和测出的定植点挖穴,在定植点上挖深度0.4~0.8 m,直径为0.4~0.6 m的定植坑。定植坑的大小根据土壤情况可进行调整,土壤瘠薄的应当挖大坑,沙质壤土适当小些。大坑可适当换土。坑中取出的表土和底土应该分开放置,先在穴底填入15 cm厚的碎秸秆,然后将腐熟的优质农家肥与表土混合后回填入定植穴中,浇水沉实待植。一般每坑可以施用50 kg左右的粪肥或其他有机肥。

2. 苗木准备

要栽植的苗木在种植前先进行分级,选适合当地的优良品种,苗高100 cm以上,基部粗0.8 cm以上,植株健壮,芽眼饱满,根系完整,无病虫害和机械损伤的苗木。实践证明,用大苗、壮苗造林成活率高,发枝旺,结果早。剔除不合格的劣质苗木,选用根系发育良好的一、二级壮苗。然后对根系进行修剪,剪除烂根和受损伤根系,使其尽量留新茬,蘸上泥浆,便于愈合并且产生新根。远途购进的苗木,因为长途运输,失水较多,运到后要尽量想办法用水浸泡根系,待根系和枝条吸足水分后再进行栽植。

3. 苗木定植

将苗木放入定植穴中央,使其前后左右对齐,培土1/3时,朝上轻轻提苗,使根系自然朝下舒展并与土壤紧密结合。栽植深度应当适宜,以使原来苗木的根颈部分稍稍低于土面为宜(如图3-7所示)。栽植过深,由于土温低,通气性差,缓苗慢,成活后发育不良;栽植过浅,容易失水,原根颈部分暴露在外,容易遭受日灼,不易成活。注意栽植嫁接苗时嫁接口需要略高出地面,将土踩实,再培土与地表相平。

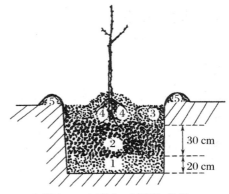

1. 底土　2. 表土+农家肥+化肥
3. 表土　4. 表土　5. 底土

图3-7　苗木的定植

四、苗木栽植后的管理

1. 灌水

定植后沿着定植行作畦并及时浇水。较干旱的地区,浇水后可在树干周围培起一个小土墩,以便保墒。也可以在树干周围铺 80 cm 见方的塑料薄膜,中间打一孔,从栽植好的苗子上方套下,盖在坑面上,四周用土压实,并培起小土墩,这样坑内的水分不易蒸发,土壤温度上升迅速,有利于生根,可以明显提高苗木的栽植成活率,而且在苗木发芽前可以不再浇水。

2. 定干

苗木定植后要及时定干,以减少水分损失,并使地上部和地下部保持平衡,利于幼树的成活和生长。定干高度为 80 cm 左右,剪口下留壮芽,留桩 1 cm 左右,并对剪口进行保护,以防风干(如图 3-8 所示)。

杏树的定干高度不可过低,因为杏树结果后枝条容易下垂,主干过低,势必导致主枝过低,将来结果后枝叶接近地面,不便管理,果实容易受到污染,易腐烂,从而影响质量。主干过高,不仅管理不方便,也容易受到风害。

定植苗上枝条较多时,可以适当地进行疏枝或极重短截,较粗壮的枝条距离地面 30 cm 以下也要疏除。

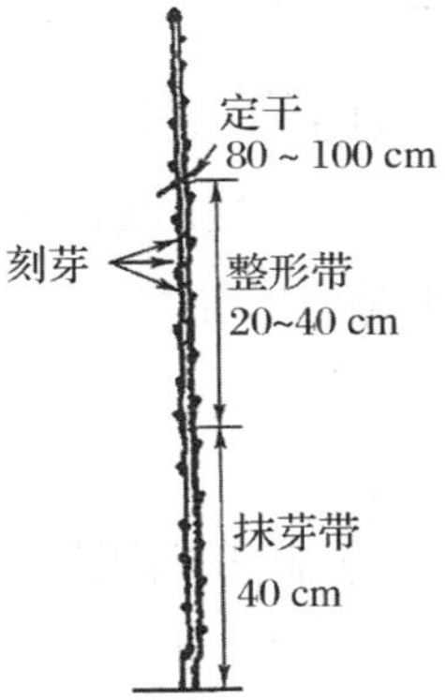

3. 补植

苗木定植后应经常检查成活情况,发现有死株或病株及时拔除,然后用备用苗木予以补栽,以免在同一果园内因为缺株过多而影响产量。

图 3-8 定干

4. 肥水管理

为了促进树体健康生长,定植第一年采用薄施勤施的施肥原则,以迅速扩大树冠并形成一定数量的花芽。在定植后发芽时,施第一次肥,以后每 15~20 天追肥一次,以尿素为主,结合磷、钾及有机肥施用。5 月中下旬结合施速效氮肥和钾肥进行追施有机肥一次,并灌透水。待新梢长到 45 cm 左右时,对选作主枝的新梢进行摘心,刺激二次梢的萌发,以加快树冠成形。7 月初停止追肥,并适当控水,以利成花。10 月初施基肥(以有机肥和磷肥为主)。第二年于 2 月下旬、4 月中旬、6 月下旬各追

肥一次,以氮肥配合磷钾肥施用,于10月初施基肥。此外苗木展叶后容易受到蚜虫、卷叶虫、金龟子等害虫为害,要及时地喷药保护。

5. 防寒越冬

幼树抗寒能力较弱,在冬季干、寒地区,在入冬前应进行防寒,以免抽条和冻害,可以采用下部堆土堆,上部扎草把的方法防寒。

6. 兔害防治

为防野兔啃食树干基部,可在树干基部 50 cm 范围内绑缚树枝、棉秆、秸秆等。也可以收集家兔屎尿加水调成糊状,刷在树干上,野兔嗅到气味后,便不再啃食。

技能训练

实训 3-2 杏树栽植技术

一、目的与要求

果树栽植技术直接影响果树定植成活率和幼树的生长发育,因此,学会栽植技术是十分重要的。

要求通过实习,熟练掌握果苗栽植的技术,了解和掌握提高栽植成活率的关键。

二、材料与用具

材料:杏树 1~2 年生嫁接苗。

用具:修枝剪、镐、铁锹、皮尺、测绳、标杆、石灰、木桩、土粪等。

三、实训内容

1. 测定植点。

平地测定植点,按照要求的株行距,在测绳上做好记号,用拉绳法测定植点。首先在小区的四周定点,按测绳上的记号插木桩或撒石灰。如果小区较大,应在小区的中间定出一行定植点,然后拉绳的两端,依次定点。

2. 挖定植穴。

3. 苗木检查、消毒处理。

4. 栽植。

5. 栽后管理。

6. 提高栽植成活率的注意事项。

由于运输过程中易于失水,最好在栽植前用清水浸泡根系半天至一天,或在栽植前把根系蘸上稀泥浆,可提高栽植成活率。

四、实训作业

1. 通过栽植果树,体会提高栽植成活率的关键是什么。
2. 定植穴的大小根据什么来确定？为什么？

任务考核与评价

表3-2　杏树栽植技术考核评价表

考核项目	考核要点	等级分值				考核说明
		A	B	C	D	
态度	积极主动,吃苦耐劳;分工精细,团结协作;按时完成任务	10	8	6	4	①实训考核可根据建园条件采用单人或分组方式进行 ②实训过程的考核既要看个人的实际操作能力和水平,又要看小组完成实训任务情况及个人在小组中的贡献 ③综合评价时,既要考虑学生的技术能力,又要注重学生协作能力和创新能力,要综合评价学生的表现
技能操作	①准确定点,挖穴规范 ②土肥混匀,分层踏实 ③按规定对苗木进行修剪蘸根 ④栽苗方法正确,灌水充足	40	32	24	16	
结果	①栽后苗木横竖斜成行 ②灌水下渗后苗木深浅适度 ③成活率95%以上	40	32	24	16	
创新	能总结出提高栽植速度的方法或在组织协作、工具使用等方面有创新	10	8	6	4	

项目4 杏开花、果实发育和新梢生长期管理

✈ 项目目标 ✈

知识目标

1. 熟悉杏园土壤管理的各个环节,了解确定适宜的土壤改良对提高果实品质的重要性。
2. 了解杏树的需肥、吸肥特点,杏园施肥原则。了解水分对杏树的作用、灌水的时期、灌水的方法。
3. 了解杏开花坐果期的特点。了解杏授粉和受精特点、影响授粉受精和坐果的因素、提高坐果率的知识。
4. 了解新疆杏区划特点、杏晚霜冻危害症状、发生时间、预防晚霜冻方法。
5. 熟悉杏生长季修剪的基本方法,掌握因树、因枝选择修剪方法。

能力目标

1. 掌握土壤改良与管理的基本操作。
2. 能够根据杏需肥特点和肥料的特性,制订合理的施肥方案。掌握灌水时期和灌水技术。
3. 根据杏开花坐果期的特点进行观察,掌握杏授粉受精的特点。掌握杏的花

粉采集与制作和人工辅助授粉技术。

4. 能够运用杏晚霜冻危害症状知识,掌握杏防治霜害技术。

5. 能够运用杏生长季修剪的基本方法,掌握杏树生长季修剪技术。

素质目标

培养科学严谨的工作态度和吃苦耐劳的工作精神。

任务4.1 土壤管理

知识目标

熟悉杏园土壤管理的各个环节,了解确定适宜的土壤改良对提高果实品质的重要性。

能力目标

掌握土壤改良与管理的基本操作。

基础知识

一、杏园的土壤改良

杏树对土壤的适应性很强,但是以排水良好、较肥沃的壤土、沙壤土和砾质壤土较好。

新疆南疆部分地区的新建杏园建立在新开垦的荒地上,多属于沙荒地、盐碱地,都是低产土壤,需进行改良,才能提高产量,获得较好的经济效益。

土壤改良培肥是一项综合性工作,它包括增施有机肥、种植绿肥、深耕改土、合理的灌溉、科学配方施肥、客土、施用土壤改良剂、营造防护林等措施。其中深耕改土是农业措施的基本环节。

1. 深翻扩穴、改良土壤

杏树是一个深根性树种,随着树龄的增加,根系向外扩展很快,根系的吸收范围也不断扩大,因此从幼树定植开始,要坚持每年秋季结合施基肥进行一次深翻改土,以增加土壤的通透性,增强土壤的保水蓄肥能力,为根系创造一个良好的生态环境,为优质丰产奠定基础。为通过深耕达到改土培肥的良好效果,应同时配合施用有机肥料与合理灌溉。

深翻改土一般在每年的9—10月结合秋施基肥进行,因为此期地温比较高,深翻以后,受伤根系愈合快,并且很快形成大量的吸收根,更加有利于开花坐果。具体操作时,幼龄树以扩穴为主,全园深翻为辅。扩穴以树冠外缘为内侧,向外扩宽40～50 cm、深40～60 cm的地穴。成龄树深翻主要采取全园深翻法,也可采用条状沟法,具体操作方法是在10—11月树叶落完以后,用机械把周围土壤深翻30 cm左右,树冠下可用铁锹进行深翻。深翻时注意不要切断直径大于2 cm的粗根,同时要注意将表土和心土分开,回填时先将树叶、杂草填入沟底,然后将表层土壤填入沟的下部,将心土回填到地表以促进其风化,深翻后灌一次透水。

2. 盐碱地的改良

杏树比较耐盐碱,喜欢偏中性或者微碱性的土壤,pH值在6.5～7.5的范围内都可以有较好的收成。当土壤pH值达到8.0时,杏树叶片会表现出焦边现象。在总含盐量为0.1%～0.2%的土壤中可以生长良好,超过0.24%便会发生伤害。

(1)灌溉洗盐。

盐分一般都累积在表层土壤,通过灌溉将盐分淋洗到底层土壤,再从排水沟排出。

(2)中耕与覆盖。

中耕也是改良盐碱土的有效措施之一。中耕可疏松表土,切断土壤毛细管,防止下层盐碱上升。干旱季节进行地面秸秆或沙土覆盖,可起到减少蒸腾,防止盐碱向表土移动的目的。有机肥含有机酸,对碱能起中和作用,并促进团粒结构的形成。

(3)施有机肥。

有机肥能提高土壤肥力,减少蒸发,防止返碱。深耕30 cm并施大量有机肥,可缓冲盐害。此外,种植绿肥,除增加土壤有机质,改善土壤理化性质外,其枝叶覆盖地面,可减少土壤蒸发,抑制盐碱上升。

(4)化学改良。

一般通过施用硫黄来中和土壤碱性,或施用石膏等含钙的固体物质来代换胶体上吸附的钠离子,使土壤颗粒团聚起来改善土壤结构。也可施用施地佳、禾康、康地宝、盐碱丰等液体化学改良剂。各种化学改良剂的具体施用方法、时间、用量等根据土壤盐碱含量的状况及说明书灵活应用。

3. 沙荒地的改良

新开荒土壤多为沙性土壤,土壤的组成主要是沙粒,矿质养分较少,有机质缺乏。其特点是土质松散,通透性强,保肥、保水性差,导热快,夏季土壤温度高,冬季土壤冻结厚。

沙地杏园应注意培肥土壤,增加保肥、保水能力。主要措施有增施有机肥、种植绿肥、深翻改土、黏土压沙和抽沙换土等。

施入的有机肥分解后,可产生许多腐殖质胶体,把细小的土粒粘结在一起形成团粒结构,使沙性土壤变成有结构的土壤。对于河流冲积沙地、下面有黏土的果园,可结合秋施基肥进行深翻改土,深翻深度在80～100 cm,使下层黏土与上层沙土混合,达到改良沙地的目的。

黏土压沙是通过每年秋季在沙土上面加盖一层10 cm左右黏土的方法来逐步达到改良沙地的目的,逐步使根系分布层中的黏土占1/3～1/2。

抽沙换土是先把表层较肥沃的土壤翻放在树行内,抽出部分沙土换以黏土后再把表土复原,改良的深度为50～100 cm。

4. 黏重土壤改良

黏土质杏园由于土粒较细,土壤空隙度较少,通透性较差,水分过多时土粒吸水易导致空气缺乏;干旱时水分容易蒸发散失,土块紧实坚硬,不利于杏树的生长发育。应增施有机肥或掺沙、压沙,增加土壤的通透性,提高土壤肥水供应能力,促进杏的生长发育。

二、杏园土壤管理

对杏园进行合理的土壤管理,有利于加厚土壤的耕作层,增加土壤的肥力,利于树体生根和生长发育,同时可有效地消灭杂草和防治病虫害。

1. 深翻熟化

杏树定植建园后,根据间作物的生长发育规律进行土壤深耕,既要满足间作要求,又要满足杏树生长对土壤耕作的要求。

幼树期,常通过扩穴进行土壤深翻。即以定植穴为中心,结合秋施基肥,每年或隔年向外深翻,直到株间的土壤全部翻完为止。隔行(或隔株)深翻,就是先在一个行间深翻,留一个行间在下一次翻,两次翻完。全面深翻,即在株、行间,将栽植穴以外的土壤全部深翻。深翻后可隔3～5年再进行下一轮。深翻深度,一般在60～90 cm。深翻过程中要尽量少伤根,特别是骨干根。覆土时砸碎土块,并把表土与有机肥掺和后填入底层或根系附近,心土铺撒在上部,促进风化。深翻后要及时灌水,以灌透深翻的土层为宜。

2. 修整保护带

间作的杏园修整保护带是为了调控杏树和间作物生长管理不同需要,给杏树生长提供较好的生长空间。

杏园定植后,以杏树行中轴为中心,修整一定宽度的垄沟或沟畦作为杏树保护带。保护带内地面与行间地面相平或略低于行间地面,保护带沿高15~20 cm,顶宽20 cm,底宽25~30 cm,带宽90~140 cm(如彩图18所示)。

建园后1~2年,树体较小,保护带可适当窄些,随着树龄增长,逐渐加大保护带。一般栽植当年保护带留0.8~1 m,第二至第三年留1~1.5 m,3~5年生树要留1.5~3 m。

当然也可以根据杏树栽培密度、间作物种、农机具大小等间作管理要求,从建园开始就规定保护带的宽度、深度等,建立永久性保护带。

3. 行间铺膜

杏树行间铺膜,可改善土壤中的水、肥、气、热条件,可增湿、保温、减少土壤水分蒸发、节约用水、抑制杂草。杏树生长季节,在离主干50 cm处,顺行每边各铺设宽1 m,厚0.008 mm的黑色塑料薄膜或白色地膜,用土压实地膜边缘,并经常清扫地膜上的尘土和落叶。

4. 果园中耕、除草

幼树定植后,每年对杏树沟进行3~5次松土除草,特别是根系部位要勤松土,深松土,使土壤疏松通气,提高土壤温度,减少水分蒸发,防止返盐,促进杏树根系的生长发育,增强根系的吸收能力,加速树体生长,并保持杏树沟无杂草。行间有间作物可于春秋各耕翻一次,深为20~30 cm,而成龄果树,全年行间进行2~3次机械耕翻,春季于萌芽前(3月中下旬),夏季5月上旬,秋季在果实采收后9月中旬进行。耕翻时特别要重视秋耕翻,它具有消灭杂草和病虫越冬虫卵及修剪根系的作用。

三、杏园间作

在幼树期到结果初期,尤其是种植后的最初两年,杏的树冠小,根系分布范围也小,可在树盘以外的行间种植合适的间作物。一方面,可增加杏园的经济收益,达到

"以短养长"的目的;另一方面,又可以起到改良土壤、防止水土流失、减少杂草蔓延的作用。杏树稀植条件下(行距大于7 m)可长期间作,行距在4～6 m时,杏树6年生以内可适当间作,以后则不易间作(如彩图19、20所示)。

由于果园间作物在许多方面易与杏树的生长发育发生矛盾,因此,在选择和种植间作物时应遵循如下原则:第一,杏树与间作物需水、需肥关键期基本一致;第二,间作物对杏树的空间利用影响较小,以各种豆类、花生、草莓、小麦、西瓜、甘薯、药材和绿肥矮秆作物为好,同时要留足树盘,使间作物与杏树保持一定的距离;第三,间作物与杏树没有相同的病虫害;第四,从经济效益上综合考虑,通过间作达到经济效益最大化。

目前,杏园间作物种主要是小麦、棉花,还有少量的复播瓜菜类、牧草类等(如彩图21所示)。

从肥水供需关系和搭配空间利用上来看,小麦与杏树的需水、需肥关键期基本一致,对杏树的空间利用影响较小,但对杏树夏季的修剪和病虫害防治等田间操作造成了一定的障碍。棉花因肥水需求与杏树不一致(杏树前期需肥水量大,而棉花则不需灌溉),需在杏园修建树盘后,杏树与棉花可分别灌水的条件下方可间作。

技能训练

实训4-1　果园土壤管理

一、目的与要求

通过实习,掌握果园土壤管理技能。

二、材料与用具

材料:河沙、黏土、稻草。

用具:铁锹、耙子、灌水用具、钢卷尺等。

三、实施内容

1.按树冠垂直投影的大小修方形树盘,要求土埂高20 cm左右。同一行果树的树盘大小要一致,小树按大树标准做,小树树盘直径不得小于1.6 m。

2.将树盘内土松翻1次,深度20 cm,树干基部稍浅些,以免伤根,然后将土块打碎耙平。

3.树盘覆盖。在距树干50 cm以外、树冠投影范围内覆草,厚度15～20 cm。覆草后适当拍压,再在覆盖物上压少量土,以防风吹和火灾。

4.杏园的土壤改良(参考本项目土壤管理)。

四、实训提示和方法

本次实训最好结合生产进行,要求每两人修若干个树盘,完成生产任务并进行项目考核,以便学生在实际操作中掌握技术。

五、实训作业

1.如何对盐碱地、沙荒地进行改良?
2.完成实训报告。

任务考核与评价

表4-1 果园土壤管理考核评价表

考核项目	考核要点	等级分值				考核说明
		A	B	C	D	
态度	遵守时间及实训要求,团结协作能力及责任心强,注意安全及工作质量	20	16	12	8	①考核方法:采取现场单独考核和提问 ②实训态度:根据学生现场实际表现确定等级
技能操作	①沙荒地改良 ②盐碱地改良 ③深翻熟化 ④中耕除草 ⑤间作 ⑥行间铺膜	60	48	36	24	
理论知识	教师根据学生现场答题程度给予相应的分数	20	16	12	8	

任务4.2 追肥和灌水

知识目标

了解杏树的需肥、吸肥特点,杏园施肥原则。了解水分对杏树的作用、灌水的时期、灌水的方法。

能力目标

能够根据杏需肥特点和肥料的特性,制订合理的施肥方案。掌握灌水时期和灌水技术。

基础知识

果园合理施肥就是针对果树不同的生育时期对营养元素的需求特点和土壤性质选择适当种类和数量的肥料,及时、合理地补充速效肥,充分发挥肥料的增产和提质作用。

一、土壤追肥

1.杏树对氮、磷、钾元素的需求

(1)氮元素。

氮是杏树生长和结果不可缺少的营养成分。施入足够的氮肥可使杏树枝叶繁茂,叶厚深绿,促进花芽分化,增加果实的产量。当杏树缺乏氮元素时,大多表现为生长势弱,叶小而薄,叶色淡黄绿色,这时叶片中的含氮量低于1.73%。在一定的范围内随着氮元素含量的增加,完全花的比例、坐果率和产量都会相应增加。叶片中的氮元素由2.4%提高到2.8%时产量可以增加;如果保持在3.3%左右,杏树生长、结果最好。氮元素过多也会引起杏树中毒,使叶片由暗绿色发蓝,到生长后期,叶边变黄,并逐渐扩展到叶肉,出现不规则的死斑,两边向上卷起,最后大部分脱落。

(2)磷元素。

磷元素参与核酸和蛋白质的合成。叶片、果实和杏仁中含有较多的磷元素。杏树缺乏磷元素时,生长缓慢,枝条细弱,叶片变小,叶色变成深灰绿色,花芽分化不良,坐果率低,产量大减,果个变小;当叶片中五氧化二磷(P_2O_5)的含量由0.2%增加到 0.4%时,可以使产量明显增加。

磷元素对氮元素有明显的增效作用,施氮肥时配以适量的磷肥,对杏树的生长、结果都有较好的效果。

(3)钾元素。

同氮、磷元素一样,钾元素是杏树不可缺少的营养元素,虽不是植物体的组成成分,但其参与植物体的主要代谢活动,能促进叶片的光合作用、细胞的分裂、糖的代谢和积累,提高杏果的品质等。杏树缺钾时,叶片小而薄,黄绿色叶缘上卷,叶尖焦枯,严重时全树呈现焦灼状甚至枯死。这时叶片中钾的含量低于 1.2%。如果叶片中 K_2O 的含量保持在 3.4%～3.9%,即可连续取得较高的产量。

2. 杏树的年吸肥规律

杏树与其他果树不同,果实的生长发育期短,而且是先花后叶,营养生长与生殖生长同步进行,再加上杏树的生长是快速生长,即在盛花 6～8 周便达到最大生长量,所以杏树对秋季和早春施肥反应非常敏感。如果秋季和早春肥水供应充足,雌蕊败育率明显降低,树势强壮,产量和品质大幅度提高,并可延长树体寿命。杏树的需肥量在春季盛花 8 周以前占 70%以上,只有这样才能满足杏树快速生长的需要。因此,在施肥时也要在重施基肥的基础上,早春提前追施速效氮肥。

3. 施肥量

据试验表明(李永闲等,2011 年),适宜氮、磷、钾肥配比有利于提高轮台白杏果实单果重和产量,但是氮、磷、钾肥施入总量过大反而有减产的趋势;适宜的氮、磷、钾肥配比和较高钾肥比例有利于改善果实内在品质,提高可溶性固形物含量、维生素 C 含量、总糖含量,降低总酸含量;轮台白杏较适宜的 N、P_2O_5、K_2O 施入量分别为:31.5 千克/亩、17.5 千克/亩、21.0 千克/亩,比例 1∶0.56∶0.67。3 月中下旬,分别施入 N、P_2O_5、K_2O 总量的 60%、70%、30%;在幼果膨大期(5 月初),分别施入 N、P_2O_5、K_2O 总量的 30%、15%、50%;果实采收前(6 月中旬),分别施入 N、P_2O_5、K_2O 总量的 10%、15%、20%;结合浇水进行追肥。

4. 追肥时期

(1)花前肥。

花前肥可促使开花整齐一致,提高坐果率,减少落花落果,有利于新梢和根系的前期生长。一般宜在春天土壤解冻后追施以速效氮肥为主的肥料。

(2)花后肥。

杏树开花后树体消耗了很多的营养,落花后幼果迅速膨大、新梢枝叶也开始旺盛生长,需要较多的肥料,这时应追施以速效氮肥为主的肥料和少量的磷、钾肥。

(3)花芽分化肥。

在花芽分化以前,由于果实的继续膨大和枝叶的生长,树体消耗了大量营养,如果不及时补充肥料,既影响果实的发育,又不利于花芽分化。在果实膨大期或硬核期,应追施以速效氮肥为主的肥料和少量的磷、钾肥。

(4)催果肥。

在果实采收前15天左右,果实迅速膨大。为了提高产量和果实品质,应追施以速效钾肥为主的肥料。

(5)采后肥。

果实成熟后,树体的营养大量亏缺,不及时施肥,树势容易减弱,也影响枝条的充实和后期的花芽分化。这时应追施以速效磷、钾肥为主的肥料,并配合少量氮肥。

5.土壤追肥方法

(1)采用穴施。

在树冠投影范围内,距树干50~100 cm,每隔50 cm挖一个小穴,撒入速效肥料后埋土,施肥后立即浇水。也可将肥料放入水中溶解,结合浇水施肥。

(2)根外追肥。

根外追肥就是叶面喷肥,把肥料溶解在水里,配成浓度较低的肥料溶液,在生长期用喷雾器喷到杏叶片、嫩枝及果实上,肥液直接被吸收。

一般常用的肥料及浓度是0.3%~0.5%的磷酸二氢钾;0.2%~0.4%的尿素;0.2%的过磷酸钙;0.1%~0.3%的人粪尿;0.3%的草木灰浸出液。如有缺微量元素症状可根据需要喷0.2%~0.3%的硫酸亚铁;0.1%~0.3%的硼酸或硼砂(硼酸钠);0.3%~0.5%的硫酸锌等。

根外追肥一般与病虫害防治相结合,但需注意适量配合;在施用新型肥料时应先做试验,确认安全后再使用,以免发生肥害或药害。叶面喷肥不能代替土壤施肥,只能作为土壤施肥的一种补充方式。

根外追肥的浓度应根据植物组织的成熟度而定,生长前期枝叶幼嫩,可以用较低浓度;后期枝叶老熟,浓度可适当加大。叶面喷肥效果常受风、气温和湿度的影响。因此,喷肥要选择无风的阴天或温度适宜(18~25 ℃)、湿度较大、蒸发量较小的晴天早晨(10时以前)或傍晚(16时以后)进行。

叶面喷肥要有足够的喷洒量,适宜的喷洒量是指肥液在叶片上呈欲滴未滴的状态。侧重喷洒叶背面,以利于肥液的渗透和吸收。

基肥施入量约占杏树全年施肥量的70%。追肥量占全年施肥量的30%左右。

二、杏园灌水

1. 水分对杏树的作用

水分是杏树的重要组成部分。其中,枝叶含水量为50%~70%,根部含水量为50%~80%,果实含水量为80%~90%。当杏树叶面进行蒸腾作用时,要消耗大量的水分,调节树体温度。肥料要通过水分才能为果树提供营养物质。

如果土壤中含水量过少,根系吸收的水分不能满足叶片蒸腾消耗时,枝叶就会出现暂时的凋萎状态,需要及时浇水,否则,会严重影响果实的产量和品质。

杏树对于含水量过多的土壤不适应,当土壤含水量在田间最大持水量>90%时,因为水分过多,土壤含水量达到饱和或过饱和程度,土壤中的孔隙就会被水分全部占满,出现涝害,叶片会发生凋萎,新梢停止生长。最适宜的土壤含水量为50%~80%。杏园积水3天,就会引起杏树黄叶、落叶、死根,甚至全株死亡。而空气湿度太大时,杏树则易感染病虫害。

2. 灌水时期

杏树的灌水时期、次数和数量应根据其在年生长周期中的各物候期对水分的需要量、当时气候条件和土壤水分状况来确定。其关键时期主要有杏树萌动期、果实膨大期、果实缓慢生长期(硬核期)和落叶后、封冻前等时期。

(1)杏树萌动期灌水。

在杏树开花前10~15天灌萌动水,这次灌水可补充因长期冬季干旱造成的树体水分缺乏,可保证开花、坐果和新梢生长对水分的需要,同时也可推迟花期2~3天,有减轻晚霜危害的作用。此次浇水量应较大,使土壤含水量达到70%,相当于每亩30吨水。

(2)果实膨大期灌水。

此时期是杏树需水的关键时期,果实膨大对水分的需要是不可逆转的,错过此期,即使后期补水也无法使缺水的果实达到应有的膨大体积。此期灌水还可减少落果,促进新梢生长。

(3)果实缓慢生长期(硬核期)灌水。

果实缓慢生长期也是果实硬核期,是杏仁发育的关键时期,为杏树需水临界期。此期灌水可保证杏仁饱满,避免大量落果,促进花芽分化,保证来年花量。

(4)采果后灌水。

果实采收后,杏树的自身库源平衡关系突然受到破坏,光合产物易形成短期内积累,对叶功能具有损伤作用。这一时期及时灌水有利于刺激营养生长。同时,随着根系生长加速,吸收大量矿质营养,与光合产物结合,形成结构物质用于营养生长或合成能源物质贮存。这一时期灌水量要少。

(5)秋后灌水。

进入9月中下旬,结合秋施基肥灌一次透水。这次灌水,有利于施肥后土壤沉实,也有利于养分的释放与吸收,对维持和提高叶功能,增加树体营养贮藏十分有利。灌水后要及时划锄保墒,以利于土壤透气。

(6)封冻灌水。

在土壤封冻以前灌一次透水,对于保障根系的良好发育和早春营养的运输,对第二年实现丰收打好基础有着重要的作用,灌封冻水还可以显著地提高花芽和树体的抗寒性。

每次灌水应及时,都要结合施肥进行,以肥料施入后立即灌水最好,最晚也应在施肥后2~3天内完成灌水,这样有利于肥料在土壤中溶解、释放、转化和移动,有利于杏树根系对肥料的吸收。

3. 灌水方法

(1)畦灌(漫灌)。

在平整好的地块上按树行作畦,水通过地面明渠流入树盘。畦宽3~4 m,长度约100 m,高30~40 cm,最好一行树为一畦。畦灌投资少、方便省工,但水的利用率低,仅有1/3。

(2)沟灌。

在水源不足的地方，为了节约用水，在树冠外缘开两条深、宽各15～20 cm的沟引水灌溉，灌后盖土保墒。

(3)节水灌溉。

对有条件的杏园，可实行喷灌、滴灌、渗灌等节水灌溉方法进行灌溉，既节约用水，又能灵活调控杏树与间作物的需水矛盾。

技能训练

实训4-2　杏园追肥和灌水

一、目的与要求

1.学会观察果树根系分布的方法，为施肥提供依据。

2.掌握果树常用的施肥方法。

二、材料与用具

材料：杏结果期树、各种肥料。

用具：挖根用具、施肥工具、钢卷尺、记载和绘图用具、方格纸。

三、实训内容

1.果园施肥（见本项目）。

2.杏园灌水（见本项目）。

四、实训提示和方法

1.实训内容应作为果园平衡施肥技术的一部分进行统筹考虑，以提高实训的针对性和实用性。

2.实训前应预先挖好2～3个根系分布的土壤剖面，供实习时轮流观察；土壤施肥方法很多，可根据条件选做几种，其余方法采用示范方式进行。

五、实训作业

1.根据果园条件，提出最适宜的施肥方法。

2. 根据杏树需水特点提出适宜的灌水时期和灌水方法。

任务考核与评价

表4-2 杏树追肥和灌水考核评价表

考核项目	考核要点	等级分值				考核说明
		A	B	C	D	
态度	遵守时间及实训要求，有责任心，注意安全及工作质量	20	16	12	8	①考核方法：采取现场单独考核和提问 ②实训态度：根据学生现场实际表现确定等级
技能操作	①肥料的种类 ②追肥的时期和方法 ③灌水时期的判断 ④灌溉方法 ⑤灌水量	60	48	36	24	
理论知识	教师根据学生现场答题程度给予相应的分数	20	16	12	8	

任务4.3　提高杏坐果率的措施

知识目标

了解杏开花坐果期的特点。了解杏授粉和受精的特点、影响授粉受精和坐果的因素、提高坐果率的知识。

能力目标

根据杏开花坐果期的特点进行观察,掌握杏授粉受精的特点。掌握杏的花粉采集与人工辅助授粉技术。

基础知识

一、提高授粉受精率

1. 坐果率低

授粉受精是杏树开花结实的重要前提。杏花属两性花,雌雄同花,雌雄花能够同时发育成熟并进行自花授粉。新疆杏品种有很多存在自花或异花授粉结实率较低甚至不结实的现象,交互不亲和与单方不亲和现象。杏树的不完全花率差异较大,总体比率较高,不同品种的败育花率均超过50%,败育花率不仅在品种间有差异,同一品种在不同地区间亦有差异,同一品种同一株树的不同部位和不同枝条间也有较大的差异。

据刘立强等观察,克孜朗、佳娜丽、库尔勒托拥等8个新疆主要优良杏品种的不同类型结果枝的结果能力有很大差异。不同类型结果枝结果能力为:长果枝<中果枝<短果枝<花束状果枝。自然授粉和自花授粉结实率均较低,分别在0.4%~13.4%之间和0~7.1%之间;大果胡安娜、黑叶杏、赛买提自花不结实;异花授粉结实率比自然授粉结实率高,结实率较高的组合是佳娜丽×赛买提、佳娜丽×黑叶杏、阿克牙格勒克×赛买提,分别为15.5%、9.6%和8.8%。

正常情况下,被授花粉在柱头上至少需要48 h才能够萌发。通常把胚珠寿命减去花粉管生长达到胚囊所需的时间(天)叫有效授粉期。有效授粉期的长短因树

种、品种、花的质量、花期气候条件而变化。与其他果树树种相比,杏胚珠败育率很高,而且随着开花时间的延长,胚珠败育程度加大。不利的授粉受精条件(如花期遇晚霜)会影响杏树坐果。

杏树开花早,在新疆的南疆地区多数品种在3月下旬至4月上旬开花,该季节正是晚霜、低温、大风、沙尘等灾害性天气的多发季节,杏花极易遭受晚霜、阴雨、低温等自然灾害的危害,并影响授粉受精,降低坐果率,造成减产甚至绝产。

为了获得杏果的高产稳产,除了在建园时配置授粉树之外,还应采取人工辅助授粉措施。

2. 提高授粉受精的方法

(1)提高花的发育质量。

杏树在萌芽期遇上早春低温冻害,会使得始花期推迟或者严重影响雌蕊分化,直接导致雌蕊败育或者阻碍受精,最终影响坐果(李利红,2001年)。雌蕊败育与花芽分化发育后期的外界高温有关,杏休眠期出现连续5天以上高温会导致畸形花明显增多(王保明,2000年)。

牛庆霖研究发现,早春低温条件下部分杏品种花粉成熟且育性较强,花粉活力与萌发率呈正相关;雌蕊败育率差异显著,其中凯特杏雌蕊败育率最低,仅为11.63%,红荷包杏最高,是凯特杏的7倍,败育率在一定程度上与坐果率呈负相关。凯特杏、红荷包杏的雌蕊败育率与花期温度呈显著负相关,除红玉杏之外,其他供试品种的坐果率与花期温度均呈现较高的相关性。花期温度的升高有利于提高岱玉杏、凯特杏、金太阳杏和红荷包杏的坐果率,新世纪杏坐果率与花期温度呈线性负相关。

(2)配置授粉树。

杏树虽然具有完全花,但是常常表现出自花不孕或者说自花授粉结实率很低的现象,这也是造成杏树低产的一个主要原因。所以为了保证充分授粉,获得高而稳定的产量,必须在建园时就合理选择和配置授粉树。要求授粉品种与主栽品种花期相遇,授粉亲和良好,并且果实具有较高的经济价值。配置1~2个授粉品种,与主栽品种比例以(6~8):1为宜。

(3)花期放蜂。

在开花前几天将蜂箱放入杏园内,放蜂3~4箱/亩。放蜂期间禁止施用农药,以免伤害蜜蜂。蜜蜂授粉效果好,方法简单,投资少,是一理想辅助授粉方法。

在设施栽培条件下,由于环境密闭,没有昆虫授粉,也无风力传粉,以及杏自花不结实的缺点,花期必须进行人工辅助授粉或蜜蜂授粉,以提高其坐果率(如彩图22所示)。

用蜜蜂授粉,杏树授粉受精效果最好,但棚室内应有2~3个品种杏树同时开花才能达到授粉受精的要求。一般每亩放置1~2箱蜜蜂即可。放蜂期间,一定要用纱网把放风口封上,以防蜜蜂飞出棚室外而冻死,降低蜂群数量。

(4)高接授粉树或花期挂花枝瓶。

在缺乏适合授粉树的杏园,要选择适合的授粉树进行高接,或者在花期选授粉亲和力强的品种,采集其部分花枝插入装有水的瓶中,将瓶挂在被授粉树的最高处,可起到辅助授粉的作用。

(5)人工辅助授粉。

新疆杏树很多自花不实,需异花授粉才能结实。品种单一的果园也因缺乏授粉树而使坐果率降低。因此,花期进行人工辅助授粉,可以显著地提高坐果率。

(6)花粉制作。

花粉的准备:

①鲜花的采集。选择与主栽品种授粉亲和力强且花期较早的品种,于开花前1~2天采摘"大气球"期花蕾或初开的花。采花不可过早或过晚,过早,花药发育不成熟,过晚,花在树上已经散粉。最好同时采几个品种的花朵混合,以提高授粉效果。采花一般结合疏花进行,可根据花朵密集程度和树势,确定留花量。

②脱花药。花朵采下后,带回室内脱花药。脱花药时,地上铺一张纸。量少时可用两手各持一朵花,相互对搓,可使花药足数落下。在花朵量大时,可将其放在铁丝筛上,手心向下轻轻揉搓,使花药落下,然后去除花丝、萼片等杂质,此法虽然脱花药有可能不十分彻底,但省工、省时。在大型杏园,可用花粉机进行脱花药。

③花粉的晾干。将提纯的花药在温暖干燥的室内阴干,室内温度最好在20~25 ℃。花药要均匀、薄薄地摊于表面光滑的纸上,不宜用表面粗糙的报纸等,以免其粘着花粉造成浪费。一般经一昼夜即可散出黄色花粉。

④花粉的保存。将干燥后的花粉收集在广口瓶中,置于冷凉处保存备用。如果以备第二年授粉用,为保证花粉的生命力,保存时要满足低温、干燥和黑暗三个条

件。可将其装入黑色、密封的塑料袋中,于0～5℃条件下避光保存备用,一般可存放1～2年。

授粉时期:

杏的花柱接收花粉的最佳时期是在开花后的最初几个小时内。一般年份杏的花期为4～6天,如果花期温度较高,在一天内就可从初花期过渡到盛花期。因此,进行花期人工辅助授粉,要事前做好充分准备,包括花粉的准备、授粉工具、人力安排,以充分利用盛花前期的有效时间,提高授粉的坐果率。

(7)人工辅助授粉方法

①点授(点粉)(如图4-1所示)。在全株有25%左右的花朵开放时,花朵柱头新鲜,且其上有大量黏液,此时开始授粉,效果最佳,可每隔4小时对刚开放的花进行授粉,直到授粉花朵量达到产量要求为止。

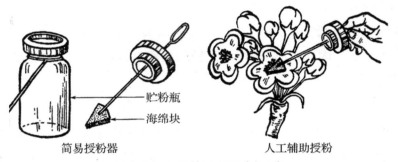

图4-1 人工辅助授粉(点粉)

将花粉与淀粉按1:5的比例混合均匀,然后分装于小瓶中。操作时可用棉棒或铅笔橡皮取花粉向刚开放的完全花的柱头上涂抹,使柱头布满花粉,每蘸一次可点4～10朵花。点授虽节省花粉,但费工、费时、效率低、成本高,在人力资源充分的小型果园应用较多。

②抖授。用两层纱布包裹花粉(花粉:淀粉为1:10～20),扎成小包,用手拿着小包或用竹竿挑着小包在花的上方抖动。也可用鸡毛掸子从供粉品种上蘸上花粉到该授粉的品种上滚抹或抖授。用鸡毛掸子滚授适宜在供粉品种部分花朵盛开且开始散粉时进行。

③液体喷粉。在大型果园,可采用液体喷粉法。液体喷粉是将花粉和其他有利于花粉发芽的物质配成花粉液,用喷雾器向盛开的花朵上充分喷布。常用的配方

有:花粉25 g,白糖或砂糖25 g,尿素25 g,硼砂或硼酸25 g,水12.5 kg,最好在其中加入少许豆浆做展着剂。配置时,先用少量水溶解糖和尿素,然后加入适量水配成糖尿液;再将干燥花粉25 g加入少许水中,搅拌均匀,用纱布过滤后,倒入已配好的糖尿液中;最后,按比例加足水。为了增加花粉活力,提高花粉发芽率,在喷布前加入硼酸25 g。花粉液应随用随配,配后立即喷布,不可贮放,因为大约在1小时之后,花粉会因吸水而涨坏。液体喷粉的适宜时间是在全株有60%的花朵开放时,要求全株均匀喷洒,不要漏喷(如彩图23所示)。

二、增强树势

加强杏园土、肥、水管理,及时防治病虫害,进行生长季节修剪,改善树冠透光度,促使枝条生长充实、花芽饱满,促进树体贮藏营养,提高杏树越冬能力。

三、疏花疏果

1. 疏花

首先是疏花枝,即在花前复剪时将过密、瘦弱、受病虫为害的短果枝和花束状果枝疏去一部分。其次,在花期尽早进行疏花,以降低树体营养消耗,有效促进正常授粉受精的花坐果,有效提高坐果率,增加果个,改善果实品质,实现高产、优质、高效益。疏花量视树势强弱而定,壮树少疏,弱树多疏,大果型品种多疏,小果型品种少疏。合理疏果还可以保证树势强壮,有利于花芽分化,避免大小年结果的发生,是连年优质、丰产、稳产不可缺少的技术措施。

2. 疏果

疏果一般在落花后半个月左右进行,此时幼果纵横径约为1.0~1.5 cm,应轻摇主枝促进授粉受精不良的果实脱落,再疏除幼果。疏果宜早不宜迟,应将小果、病虫果、畸形果全部摘除,对于过密的果枝应疏去部分小果,使留下的杏果均匀分布在果枝上。这样有利于减少营养浪费,促进果实膨大。

一般大型果品种可留稀些,小型果品种留密些;壮树多留果,弱树少留果;鲜食品种留稀些,加工品种留密些;仁用杏除疏去小果、虫果外不疏果,以免促使果肉膨大从而影响杏仁质量。

疏果作业应按从上到下、从里到外的顺序进行,以免使完成疏果的部位受到伤害。

四、防风

新疆春季多风,且常有沙尘和晚霜危害,此时正值杏开花季节,大风往往会吹干柱头或使柱头被沙尘堵塞,同时大风还阻碍昆虫传粉,影响授粉受精。营造防护林可以降低风速,减少风害,提高坐果率。

五、防霜冻

杏树是一个开花早的树种,花期常常遭遇晚霜的危害。因此预防花期晚霜危害对提高杏树产量至关重要。

技能训练

实训4-3　杏树人工辅助授粉

一、目的与要求

使学生掌握杏花粉的采集、贮藏和人工辅助授粉的方法。

二、材料与用具

材料:与杏亲和力强的两个以上品种的结果树。

用具:装花蕾的容器、棕色瓶、冰箱、尖嘴镊子、花粉脱粒机、簸箕、光洁纸、细筛、蜡纸、花粉填充剂、毛笔等。

三、实训内容(见任务4.3)

1. 花粉采集。

2. 花粉贮藏。

3. 人工辅助授粉。

任务考核与评价

表4-3　杏树人工辅助授粉考核评价表

考核项目	考核要点	等级分值				考核说明
		A	B	C	D	
态度	严格按照实训要求操作,团结协作,有责任心,注意安全	20	16	12	8	①考核方法:采取现场单独考核和提问 ②实训态度:根据学生现场实际表现确定等级
技能操作	①花粉的采集与制作 ②人工辅助授粉 ③疏花疏果	60	48	36	24	
理论知识	教师根据学生现场答题情况给予相应的分数	20	16	12	8	

任务4.4　晚霜冻及其预防方法

知识目标

了解新疆杏区划特点、杏晚霜冻危害症状、发生时间、预防晚霜冻方法。

能力目标

能够运用杏晚霜冻危害症状知识，掌握杏防治霜害技术。

基础知识

杏树树体虽然耐严寒，但花器和幼果对低温却很敏感。开花期低温造成冻花、冻果，成为杏树产量不稳的主要原因之一。

由于夜间气温下降，空气中的水汽达到饱和，当露点温度在0 ℃以下时，水汽凝结而形成霜。由于霜的出现而使处于生长状态的器官受冻的现象，称为霜害。霜害常给果树生产造成严重的损失。

一、新疆杏花期及幼果期霜冻天气风险区划

1. 区划范围

杏树冬季休眠时遇到≤-30 ℃的低温极易冻伤或冻死，一旦受害轻则产量受损，受害重则多年精心培植的杏园就会"全军覆没"。鉴于此，在选择发展杏树的地区时，首先考虑的就是越冬条件，其保证率必须是100%。新疆的北疆北部阿勒泰地区和准噶尔盆地中东部，越冬条件对种植杏树没有保证，不在区划的范围。

2. 杏的霜冻指标

据调查和观察（赵锋，张加延，2002年），当晚春日最低气温降至-0.9～-0.7 ℃时，杏花瓣呈水渍状；气温降至-1.7～-1.5 ℃时，子房受冻；气温降至-2.5 ℃时，花瓣、花柱、花丝软塌；当气温降至-1.9～-1.1 ℃时，杏幼果表面结冰，果肉呈褐绿色，幼小果仁呈红褐色，受冻幼果3~5天后脱落。由此，可以得出杏花期和幼果形成期霜冻等级指标：-2.0～0 ℃为轻微受冻，受冻率10%；-3.0～-2.1 ℃为重度受冻，受冻率50%。

按上述指标对新疆31个县(市)气象资料(1971—2000年)进行统计,考虑到南、北疆各地杏的花期和幼果形成期时间不一致,对南疆的花期按3月21日—4月10日、幼果形成期按4月11—30日统计;北疆的花期按4月21—30日、幼果形成期按5月1—20日统计。计算方法:不同霜冻等级指标在各时段内出现一次记为一年次,年内出现多次不重复计算,由此统计出各地杏花期和幼果期不同强度等级霜冻发生的频率(如表4-4所示)。

表4-4 杏花期和幼果期不同强度等级霜冻发生的频率

地区	花期		幼果期	
	-2.0~0 ℃	-3.0~-2.1 ℃	-2.0~0 ℃	-3.0~-2.1 ℃
阿勒泰	83.3%	70.0%	43.3%	20.0%
塔城	73.3%	53.3%	36.7%	13.3%
博乐	50.0%	26.7%	3.3%	3.3%
伊犁	36.7%	20.0%	3.3%	6.6%
新源	30.0%	13.3%	6.6%	3.3%
精河	50.0%	20.0%	0	0
乌苏	36.7%	3.3%	3.3%	0
沙湾	33.3%	6.6%	0	0
石河子	60.0%	30.0%	6.6%	0
莫索湾	70.0%	40.0%	0	0
阜康	50.0%	33.3%	10.0%	3.3%
奇台	76.7%	66.7%	36.7%	10.0%
吉木萨尔	56.7%	36.7%	10.0%	0
哈密	96.7%	83.3%	66.7%	13.3%
吐鲁番	23.3%	3.3%	0	0
焉耆	100%	86.7%	66.7%	13.3%
库尔勒	63.3%	26.7%	3.3%	6.6%
若羌	83.3%	70.0%	20.0%	13.3%
阿克苏	63.3%	10.0%	10.0%	3.3%

续表

地区	花期		幼果期	
	-2.0~0 ℃	-3.0~-2.1 ℃	-2.0~0 ℃	-3.0~-2.1 ℃
库车	43.3%	13.3%	6.6%	0
拜城	100%	53.3%	40.0%	10.0%
乌什	76.7%	30.0%	20.0%	0
阿拉尔	70.0%	40.0%	10.0%	0
阿图什	13.3%	6.6%	0	0
阿合奇	100%	93.3%	40.0%	13.3%
喀什	30.0%	3.3%	0	0
麦盖提	30.0%	3.3%	3.3%	0
巴楚	36.7%	6.6%	0	0
和田	10.0%	6.6%	0	0
皮山	33.3%	13.3%	3.3%	0
民丰	73.3%	53.3%	10.0%	0

3.区划指标及等级

根据自然灾害风险分析原理(国家科委、国家计委、国家经贸委自然灾害综合研究组,1998年)和灾损率定出花期和幼果期霜冻气候风险等级划分标准(如表4-5所示),并按此标准把新疆杏产区划分为4个气候风险区。

表4-5 杏花期和幼果期霜冻气候风险等级标准

受损等级	轻度	中轻度	中度	重度
灾损率(%)	<10.0	10.0~25.0	25.1~40.0	>40.0

4.分区评述

(1)轻度风险区(Ⅰ)。

本区包括吐鲁番盆地的吐鲁番、托克逊,塔里木盆地西南部的阿图什、喀什地区,以及和田地区的皮山、和田、墨玉、洛浦、策勒、于田等地。区内霜冻减产率<10%;临界温度冻害频率,花期为4%~9%,幼果期为0.1%~0.3%。该区既是霜冻发生频率

最低,又是冻害程度最轻的地区。区内气象灾害主要是大风、浮尘和沙尘暴。对策是在节水灌溉的前提下,采用喷灌增加杏园空气湿度,清洗叶面上的灰尘。

(2)中轻度风险区(Ⅱ)。

本区包括塔里木盆地北缘的阿克苏、库车、轮台、库尔勒,吐鲁番火焰山以北的鄯善,以及北疆的伊犁河谷等地区。区内霜冻减产率10.0%~25.0%;临界温度冻害频率,花期为10%~20%,幼果期为3%~7%。1979年4月9日库尔勒出现-2.8 ℃的低温,杏树花、果受冻,当年绝收。南疆杏产品除鲜食、加工外,还可制干;伊犁河谷生长季热量稍差,空气湿度较大,杏产品只宜鲜食和加工,冬季偶有≤-30 ℃的低温出现,为避免受损,应选择在逆温带地区发展杏树。

(3)中度风险区(Ⅲ)。

本区包括塔里木盆地东南缘尉犁、铁干里克、且末、民丰等地,以及天山北麓昌吉以东、木垒以西的坡地逆温带。区内霜冻减产率25.1%~40%;临界温度冻害频率,花期为20%~40%,幼果期为1%~9%。南疆地区热量条件与中轻度风险区大同小异,杏产品也可加工和制干;而天山北麓逆温带热量条件较差,宜发展仁用杏。区内塔里木盆地东南缘干旱引起的浮尘、沙尘暴仍很严重,也应采取喷灌等方法增加杏园空气湿度,清洗叶面灰尘。

(4)重度风险区(Ⅳ)。

本区包括新疆天山南坡中的乌什、温宿和拜城、焉耆、若羌以及哈密盆地等,本区是新疆霜冻发生频率最高,又是冻害程度最重的地区。区内霜冻减产率>40%;临界温度冻害频率,花期为35%~65%,幼果期为10%~15%,应采取科学的防霜冻措施。区内阿合奇、拜城、焉耆等地因地处天山南坡河谷和山间盆地中,冷空气易堆积,霜冻风险大理所当然;而哈密盆地在气候划分上与塔里木盆地同属暖温带气候区,霜冻风险大是因为它处在天山最东段南坡与库鲁克山之间,北方冷空气"东灌"时首当其冲,所以霜冻出现较晚且强度偏大,花期早的杏树容易受冻。哈密在1986年4月22日一次强冷空气过境后,25~26日最低气温降至-1.2~-1.1 ℃,杏幼果受冻率80%以上,受冻幼果表面呈褐黑色。根据哈密霜冻发生频率高、冻害程度重的特点,如能把现有杏树栽植品种改为晚熟型,则可躲过花期霜冻危害,又可错过鲜杏大量上市的季节,提高经济效益。

二、预防霜冻的措施

1. 熏烟法

杏园熏烟是一种传统的防霜冻方法。烟雾中含有大量二氧化碳和水蒸气,在园地上空形成很厚的烟幕,阻止了地面温度的散失,稳定了园内温度的剧烈变化,不至于形成强烈的零下低温,也就防止了花果遭低温冻害。

熏烟方法有两种,都是用于防止辐射型霜冻。所谓辐射型霜冻是指在无风或微风的情况下,由于晚霜的低温辐射形成的霜冻。

(1)熏烟堆法。

所用的材料为枯枝落叶、杂草、作物的秸秆等。每亩最少放6堆。每堆盖上湿草或盖上一层土,这样发烟量大,也不至于出现明火。

(2)配制烟雾剂法。

用硝酸铵、柴油、锯末三种材料,质量比例为3:1:6。混合均匀后,成为烟雾剂。在柴草等材料不足或奇缺的情况下,可用烟雾剂取代,也能提高防霜冻的机动性。

(3)注意事项。

第一,在天气无风或微风的情况下,施用熏烟法。有微风时在上风口多放2个熏烟堆。

第二,在开花期必须坚持技术人员值班,定时与当地气象台站取得天气信息,记录当天天气预报情况。

第三,霜冻多发生在凌晨3~5时,当天晚上就要随时观测气温变化动态。当气温降到$-1.5\ ℃$(花期)和$0\ ℃$(幼果期)时,在半小时之内仍继续下降,则应立即点燃熏烟堆。

2. 灌水法或喷水法

平流霜冻,即大风带来的低温,在新疆经常发生。大风使树体水分大最蒸发,花器和幼果抗寒能力减弱。灌水与喷水都具有防霜冻的作用。

(1)地面灌水。

地面灌水后可以增加土壤的热容重,使地表温度增加$2\sim3\ ℃$,有效地减轻或避开霜冻。

应该坚持收听天气预报,掌握地面灌水的时间。当有大风降温时,在发生霜冻的前一天进行园地灌水,使树体尽可能多地补充水分,增加土壤和空气湿度,提高地表温度,降低冻害程度。灌水还可推迟花期4～5天。

(2)树体喷水。

树体喷水与地面灌水具有相同的作用。地面灌水适宜开花以前进行,而喷水是在霜冻来临之前直接向树体喷水,从凌晨到日出。

(3)喷布低浓度食盐水。

水中有低含量的盐分,可以降低冰点温度。枝条上喷布了食盐水,水蒸气不至于结成霜,从而可减轻或避免霜冻对枝条及花芽的冻害。

喷布食盐水应该在休眠期至萌芽前施用。浓度不宜过大,休眠期的浓度应在20%以下,花芽萌动期不超过5%。花芽萌发后不能喷布。

3. 吹风法

在高10 m左右的塔上安装转盘,使直径3～5 m的螺旋桨转动,所用发动机功率为80～100马力。当逆温很强时,紧挨鼓风机附近可升温3 ℃,其他均在2.5 ℃以内。在很大面积保证升温效果至多为1.5 ℃,应不停地吹风,至少也应是间歇地吹风,间隔时间应很短,如停止吹风,很快就会恢复到原来的逆温状态。日本歌山县已部分普及了750～2200瓦的小鼓风机。小中原实(1984)认为,为使园内普遍升温,每公顷大致需要3台2200瓦的鼓风机。

4. 增温鼓风机

通过应用"增温鼓风机",使果园的温度在夜间提高4～5 ℃,达到防晚霜危害的目的。这是20世纪70年代开始研究、80年代开始推广的有效防晚霜的实用新技术,百亩果园每夜成本折合人民币80元,目前许多国家的果园都普遍应用"增温鼓风机"防晚霜。

5. 开花期的调节

植物激素对杏树开花早晚起重要的调节作用。一般情况下,脱落酸和乙烯是导致休眠的重要激素。因此,除在杏树开花前全园喷水降低芽温以延迟开花外,不同时期应用乙烯释放剂(秋季应用)、GA-赤霉素(晚夏和早秋应用)、NAA-萘乙酸(晚夏和早秋应用)和AVG-氨氧乙基乙烯基甘氨酸(花芽膨大期应用)可以有效地延迟开花期。相反,还可以应用喷布植物生长调节剂的方法打破杏树芽的自然休眠(如:石灰氮、GA-赤霉素、BA-苯基腺嘌呤、TDZ-苯基噻二唑基脲以及一些动植物油脂)。

技能训练

实训4-4　晚霜冻及其预防

一、目的与要求

由于每年气象条件的差异,在同一地区各年晚霜冻的情况和程度也有很大不同。所以在经常出现晚霜冻的地区每年开花期应采用预防措施,保证杏生产的安全。通过实习应达到以下要求:

(1)分析晚霜冻发生的原因和规律,提出减轻和防止晚霜冻的有效途径和措施。

(2)晚霜冻调查的方法。

二、材料与用具

材料:喷雾器、萘乙酸钾盐、顺丁烯二酸酰肼液、锯末、硝酸铵、废柴油。

用具:手锯、修枝剪、卡尺、钢卷尺、扩大镜等,并应准备当地有关气象资料。

三、实训内容(参考本项目任务4.4)

本实训应在开花期进行。在杏开花期前认真观察昼夜温度变化并进行详细记录。

1. 熏烟法。

2. 吹风法。

3. 增温鼓风机。

4. 开花期的调节。

四、注意事项

1. 本实训应在开花期进行,应根据具体情况来确定预防措施。

2. 根据气温的变化确定预防措施,萌芽至开花期一般每天观察昼夜气温变化。

3. 温度观测要注意地点、树龄、代表性果园。观察可根据个体情况而定,一般3~5个果园。

五、实训作业

进行昼夜温度记载,将观察结果记入表格中。

任务考核与评价

表4-6 人工防霜考核评价表

考核项目	考核要点	等级分值 A	B	C	D	考核说明
态度	遵守时间及实训要求,团结协作能力及责任心强,注意安全及工作质量	20	16	12	8	①考核方法:采取现场单独考核和提问 ②实训态度:根据学生现场实际表现确定等级
技能操作	①准确记录气温 ②确定果园熏烟时间 ③准确配置烟雾剂	60	48	36	24	
结果	教师根据学生管理阶段性成果给予相应的分数	20	16	12	8	

任务4.5 生长季修剪

知识目标

熟悉杏生长季修剪的基本方法,根据树、枝不同选择适合的修剪方法。

能力目标

能够运用杏生长季修剪的基本方法,掌握杏树生长季修剪技术。

基础知识

一年中,对杏树进行两次修剪,即休眠期修剪(冬剪)和生长季修剪(夏剪),又以休眠期修剪为主。

休眠期修剪是指杏树落叶后至第二年春天萌芽前进行的修剪。由于休眠期树体贮藏养分相对较充足,通过冬季大量修剪对某些部位的刺激,使树体营养的积累与分配更加合理,从而促进树体骨架的形成。所以,冬剪是促进枝条更新的重要手段。

生长季修剪是休眠期修剪的补充,生长季修剪的主要作用是抑制营养生长,促进生殖生长。通过抹芽、拉枝、拿枝、扭梢、环剥等措施,控制生长势,改善光照条件,以利成花。

一、修剪工具的认识与使用

熟悉并能正确使用和保养修剪工具是掌握修剪技术的前提。常用的修剪工具有修枝剪、手锯、高枝锯、高枝剪、环剥刀、梯子或高凳等(如图4-2所示),另外,还有利用液压做动力的高枝剪(如图4-3所示)。

1. 修枝剪和剪套

修枝剪以剪刃锋利、钢口较硬、轻便灵活为好。剪簧要软硬适当、长度适宜。剪套要求皮厚而硬。修枝剪使用一定时间变钝后要及时磨砺。磨修枝剪应注意三点:一是不可拆开,否则因经常拧动螺丝会使剪轴松动,造成剪口不合,费工费时;二是只可磨刀刃的斜面,不可磨刀背和刀托;三是磨砺完以及用完后存放时,要涂凡士林以防生锈。

使用修枝剪剪截小枝,要使剪口迎着树枝分杈的方向或侧方。剪较粗枝条时,应一手握修枝剪,另一手握住枝条向剪刃切下的方向柔力轻推,使枝条迎刃而断。剪口一般采用平剪口。寒冷地区冬剪时可在芽上0.5~1.0 cm处剪截,成为留桩平剪口。斜剪口能抑制剪口芽生长,但在严寒多风地区,常使剪口芽死亡。

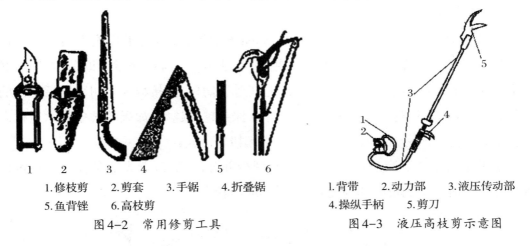

1.修枝剪　2.剪套　3.手锯　4.折叠锯
5.鱼背锉　6.高枝剪
图4-2　常用修剪工具

1.背带　2.动力部　3.液压传动部
4.操纵手柄　5.剪刀
图4-3　液压高枝剪示意图

2.手锯和锉刀

手锯的锯条要薄而硬,锯齿要锐利。可用鱼背锉把锯齿锉成尖齿,锯齿垂直棱的外侧要锉成刃状,以利削下木屑。整个齿刃要左右相间平行向外,以加宽锯口防夹锯,且锯口光滑。

使用手锯时,锯除较细大枝,可采用"一步法",即用手将被锯枝托住,从基部一次锯掉,或者先在基部由下向上拉一锯口,深入木质部1/4左右,再由上向下锯掉枝条。锯除较粗的大枝,宜采用"两步法"。最后要求锯口上方紧贴母枝,下方较上方略高出1~2 cm。

3.环剥刀

环剥刀在目前的市场上种类繁多,形式多样,适用范围各异。其基本结构是由可调节距离的平行刀刃固定于刀架上,使用时,卡住枝条环切一圈即可。

二、生长季修剪的时期和主要方法

1.生长季修剪的时期

生长季修剪在萌芽以后至落叶以前的生长期进行,又叫夏季修剪。

2.生长季修剪的主要方法

生长季修剪以抹芽、拉枝、摘心、疏除徒长枝或竞争枝、扭梢等为主。

(1)抹芽与疏梢。

抹芽在春季杏树叶芽萌发,抽出3～5 cm长的嫩芽时,对于位置不当(背上、内生)、数量过多(剪、锯口)的嫩芽可及时用手"抹去"(如图4-4所示),既节省养分,又不会留下残桩,是简便易行的夏剪手段,尤其对于幼树、高接树和老树更新后萌出的嫩枝,用抹芽的方法处理既方便,效果又好。抹芽越早越好,如果等枝条半木质化之后再抹,不但操作不方便,还会留下疤痕,引起树体流胶。

疏梢主要是疏除竞争和过密的新梢,减少养分消耗,改善光照条件。疏梢可作为抹芽不及时或不到位时的补充,生长后期应用较多。

图4-4 抹芽

(2)拉枝。

拉枝的作用是改变枝条的方向,多用于将着生角度过小或直立的旺枝拉平,开张枝条角度以缓和其生长势,拉枝在幼树和初果期树上应用最多。操作时可用细绳或细铅丝,将一端固定在被拉枝的中部,一端固定在地上或主干、主枝上,为避免铅丝进入枝内,可在固定处垫上木片或胶垫等物。拉枝的最佳时间在5月上、中旬至6月上、中旬(如图4-5所示)。

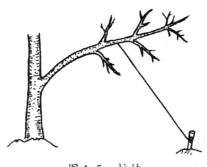
图4-5 拉枝

摘心前

摘心后

图4-6 摘心

（3）摘心。

新梢长到40 cm左右即可摘心。摘心是杏夏季修剪的主要操作。使用摘心的方法控制枝条延长生长，并促使其发生分枝。摘心的适宜时期是在枝条基部已半木质化时，此时用手掐断其先端部分特别容易（如图4-6所示）。据观察，摘心10天以后，最上1～3个芽开始萌发。对于生长势很强的枝条，可采用2次乃至3次连续摘心的方法。杏幼树生长旺盛，萌芽力及成枝力较弱，利用摘心的方法可以显著增加结果枝量，提高早期产量。

（4）扭梢。

扭梢是将枝条自其中、下部用手拧转并使之下弯但不折断的一种手法，常用于将直立性长枝改造成果枝，枝条经扭梢后，养分和水分的运转受阻，生长势得到缓和（如图4-7、4-8所示）。

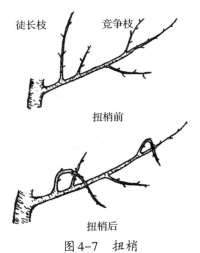
图4-7 扭梢

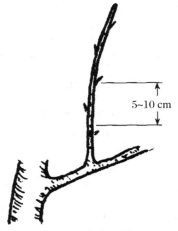
图4-8 扭梢的部位

（5）疏枝。

根据树形要求及时去掉位置不合适、数量过多的枝条及徒长枝。

三、生长季修剪对产量的影响

对幼树进行夏剪，可增加分枝级别和数量，同时控制旺长，达到迅速扩大树冠和提早成形的目的。对成年树进行夏剪，主要目的是为了调整树体生长和结果的关系，改善通风透光条件，促进花芽分化，提高产量和果实品质。

处于生长季的树体，经过夏剪除去了大量枝叶，减少了光合面积，对树体生长的抑制作用强，因此要将具体的修剪方法运用在适当的时期，并掌握合适的强度，以达到良好的修剪效果。

据艾尔肯试验，果实膨大期采用摘心、短截、拉枝等方法修剪与第二年的开花坐果率有联系，在此期间对杏树修剪得越早，开花坐果率就越高；相反，修剪得越晚，开花坐果率就较低。5月20日杏树已开始进入花芽分化初期，此前采用摘心、短截、拉枝等方法进行修剪，可以减弱顶端优势，缓和枝势，加速蛋白质的合成，集中营养成分，并提供给花芽分化，使得成花质量和翌年坐果率都较高。相反，5月20日后修剪或采用中剪方法，此时花芽开始分化，营养都消耗在枝条的生长上，枝条营养水平较低，花芽分化所需积累的蛋白质含量较少，再加上中剪后，有效叶片数量减少，叶片的光合能力有所下降，花芽分化速度较慢，成花质量较差，使得翌年的开花坐果率比没有进行修剪的还低。

杏树的夏季修剪要提倡适度轻剪，不宜过重，如果夏季修剪与冬季修剪有机地结合起来，不仅可提高产量，还可提高果实商品率。

对盛果期的杏树，夏季修剪最好在果实膨大期采用摘心、短截方法，促使形成花芽；采用撑枝、拉枝的方法，适当调整角度，缓和长势；果实采收后，对延长枝只留一个枝甩放，疏除其余并生枝，适度疏除过密枝，减少无效枝，最大限度地提高光合效率。

修剪的效果要建立在水肥管理的基础上，如果没有充足的肥水条件，修剪技术再好，也无法保证树体的健壮生长和发育。

技能训练

实训4-5　杏树生长季修剪

一、目的与要求

掌握杏树生长季修剪方法,学会生长季修剪方法的综合应用。

二、材料与用具

材料:生长正常的杏幼树或初结果树。

用具:卷尺、卡尺、修枝剪、标签、铅笔、调查表。

三、实训内容

1. 修剪方法实训

先在教师指导下,分别进行抹芽、拉枝、扭梢、疏枝、摘心、缓放等修剪方法训练,掌握生长季修剪的方法,理解生长季修剪的作用和原理。

2. 修剪方法应用

分组对树体进行修剪,如疏除徒长枝、过密枝,延长梢剪梢等,对树形进行调整,使树体比较规范。对未坐果的枝梢疏除、结果枝摘心等,调整生长与结果的关系。

3. 修剪反应调查

在整形修剪的同时,分组进行摘心、拉枝、扭梢、摘心、缓放(每个实训小组可选择1项处理),并编号挂牌,测量其长度和粗度。秋季新梢停长后调查新梢长度、粗度、节数、成花节数和数量以及副梢的数量、长度和花芽数量等。

四、实训作业

对修剪试验情况进行总结,写出试验报告,说明生长季修剪的不同处理方法对新梢生长、花芽形成及结果枝组培养的影响。

任务考核与评价

表4-7 杏生长季修剪考核评价表

考核项目	考 核 要 点	等级分值 A	B	C	D	考核说明
态度	遵守时间,遵守实训要求及安全规定,积极参与实训,学习认真,团结协作	10	8	6	4	①态度的考核要逐人进行评价 ②实训过程的考核主要看个人的实际操作能力和水平,协作能力则要通过对小组完成实训任务情况和个人在小组中的表现进行评价 ③评价时既要考虑学生的技术能力,又要注重学生职业习惯的养成 ④实训结果分两个部分进行评价:修剪结果是现场评价,根据修剪结果结合现场答辩综合评价;实训报告则通过考查学生是否展现创新能力或者是否有独特表现而进行评价
技能操作	①能熟练操作生长季修剪的各种方法(抹芽、拉枝、疏枝、摘心、扭梢、缓放) ②能根据修剪目的,采用合适的修剪方法,操作熟练并能说明原理 ③能和同组的同学积极研讨,互相学习,协作完成实训任务 ④全程参加实训,按时、按量完成个人及所在组的实训任务,并清理实训现场等 ⑤能按时提交实训报告或实训总结等	50	39	28	17	
结果	①所修剪树符合技术要求,达到实训效果 ②实训报告工整、准确、全面,符合实训要求	30	23	16	9	
创新	对修剪方法的应用有独到的看法,或在组织协作、工具使用等方面有创新	10	8	5	2	

项目5 果实采收及采收后管理

✦ 项目目标 ✦

知识目标

1. 了解杏果成熟过程的基本特征。
2. 了解杏果、杏干、杏脯和杏酱加工工艺。
3. 根据杏树的需肥特点,熟悉杏秋施基肥的各个环节。
4. 了解确定适宜基肥期对提高果实品质的重要性。

能力目标

1. 能够正确选择杏果的采收时期,并根据制干杏、鲜杏的分级标准对杏果进行人工分级。
2. 掌握杏果、杏干、杏脯和杏酱的制作工艺。
3. 能够根据杏需肥特点,使用正确的施肥技术。

素质目标

培养科学严谨的工作态度和吃苦耐劳的工作精神。

任务5.1 果实采收与贮运

知识目标

了解杏果成熟过程的基本特征。

能力目标

能够正确选择杏果的采收时期,并根据制干杏、鲜杏的分级标准对杏果进行人工分级。

基础知识

一、适时采收

果实的采收是杏生产过程中的重要环节,杏果成熟期集中而且时间短,果实又不耐贮藏,易腐烂,应及时采收。果实的成熟度是影响采收后贮运和加工的最重要的因素之一,正确判断果实的成熟度对满足市场鲜食需求和生产高质量的杏加工品十分重要。采收过早,可溶性固形物含量低,杏果应有的风味品质不能表现出来,不利于鲜食或加工;采收过晚,果实变软,不利于运输,易造成机械损伤而烂果。

适宜的采收期是指果实达到了该品种固有的大小、形状,果面由绿色转为黄色或呈现出该品种固有的色泽,但果肉还没有变软,可溶性固形物等营养物质已达到了较好的程度时。此时期采收的果实经过包装运输达到市场后,其品质达到最佳状态。一般6—8月为杏果采收的适宜时期。

杏果成熟一般可分三种程度,即可采成熟度、可食成熟度和生理成熟度。

杏果发育到该品种果实的固有大小,果面由绿色转为黄绿,阳面呈现红晕,但杏果仍然坚硬时,视为达到可采成熟度。此时杏果内部营养已经积累完成,只是未能充分转化,此时采收,在经过一系列商品化处理后,杏果达到可食的最佳状态,需要远销外地的杏果宜于此时采收。

杏果果面绿色完全退去,呈现出品种固有色调和色相,果肉由硬变软,并散发出固有的香气时,视为达到了可食成熟度,鲜销或用于一般加工用的杏果应于此时采收。

杏果果肉变得松软,部分果实由树上自然落下,视为达到了生理成熟度,此时杏果虽然有最好的食用风味,但已不能上市销售,失去了其商品价值。

二、采收的方法

由于杏果实较小、易烂,人工采摘非常费工,但也不宜用棍棒敲落果实,否则果实受到机械损伤后很快会腐烂变质,不利于贮运和加工。除了仁用杏品种外,无论是鲜食还是加工均应该手工采摘才能保证果实的品质。为了提高采收效率和采收品质,栽培上可控制树体高度和栽植密度,所以培养适宜树形是非常必要的。

杏果的采收期一般在6~7月气温较高的时期,在一天中应尽可能避免在中午的高温时段采收,高温时段采收的果实堆积在一起会加剧果实的呼吸作用,从而使果实加速成熟,降低贮运质量。

三、贮藏和运输

采收的果实应及时分级和包装,根据果实的大小、外观和内在品质可将杏果分为若干等级(如表5-1、5-2、5-3所示)。包装时应保证杏果在贮运过程中不被挤压,尽可能采用较小的包装,一般每箱重3~5 kg为宜,若需要长距离销售鲜果还应该采用更小的包装。采后立即用于制干或送加工厂的,则可采用较大的果箱(筐)。包装箱可采用瓦楞纸箱、塑料箱等。

充分成熟的果实在自然条件下一般存放2~3天就会变质。低温条件可抑制果实的呼吸,延长贮藏时间。短期的贮藏或鲜销运输,应选用冷藏库或冷藏车,在冷库内鲜果可保存20~30天。如采用气调冷藏,则贮藏时间可超过30天。

表5-1　感官指标(新疆维吾尔自治区地方标准DB 65/2029-2003)

项目	等级	特级	一级	二级
外观形态	果形	具有本品种应有的明显特征,大小均匀一致	具有本品种应有的基本特征,大小较均匀	果形允许稍有不正,基本均匀
	色泽	具有本品种正常色泽,色泽均匀		
果面缺陷率(%)		不允许	≤3%	≤5%
青果率(%)		≤3%	≤5%	≤7%
畸形果(%)		无		
病虫果(%)		无		

表5-2　杏的理化指标(新疆维吾尔自治区地方标准DB 65/2029-2003)

项目	品种	胡安娜	赛买提	黑叶杏	木格雅勒克	克孜朗	小白杏
单果重(g)	特级	≥48	≥48	≥50	≥50	≥50	≥23
	一级	≥45	≥45	≥48	≥45	≥46	≥21
	二级	≥38	≥38	≥40	≥38	≥38	≥20
可溶性固形物含量(%)		≥20	≥18	≥19	≥22	≥20	≥23

表5-3　杏的卫生指标(新疆维吾尔自治区地方标准DB 65/2029-2003)

项目	指标(mg/kg)
铅(以Pb计)	≤0.2
汞(以Hg计)	≤0.01
砷(以As计)	≤0.5

注:根据《中华人民共和国农药管理条例》,禁止在果品生产中使用剧毒和高浓度农药

四、贮藏保鲜

杏树叶片和果实中的营养状况可影响到果实的贮藏性,主要营养元素为Ca、Mg、Mn、Zn。土壤的pH值以及Ca、Mg和K的含量也会影响果实的贮藏性。杏的食用硬度为5.5~7.0 N,理想贮藏硬度为15.0~19.0 N。在杏的硬核期喷布20 mg/L的TRIA+125 mg/L的多效唑,可增加果实的硬度、可溶性固形物含量、总糖和花青

苷含量，有利于贮藏保鲜。

1. 冷藏

1987年和1988年河北蔚县林业局的温林柱曾用木爪杏在半地下式自然通风库内进行贮藏试验。试验室温为13 ℃，相对湿度为92%，采收八成熟带果柄的木爪杏果实，经过克霉灵熏蒸后，在硅窗气调保鲜袋内贮存。21天后好果率为92.4%，25天后为62.9%，28天后为10.5%。若熏蒸、装入硅窗气调保鲜袋后立即移至室温为5 ℃的冷库内，可贮藏30天以上；如果室温控制在0～5 ℃，相对湿度在90%～95%，采用上述防腐保鲜措施贮藏，贮藏期可达2个月。

现在一般是将经过预冷的杏装入专用保鲜袋中贮藏，袋中放入乙烯吸收剂、气体调节剂、防腐保鲜剂，扎紧袋口，放入冷库。贮藏期间温度控制在0～1 ℃，可贮藏2个月左右。

杏的冰窖贮藏，是将杏果用箱或筐包装后放入冰窖内，窖底及四周开出冰槽，底层留0.3～0.6 m的冰垫底，将箱或筐依次堆码，间距为6～10 cm，在空隙中填充碎冰，码6～7层后，上面盖0.6～1.0 m的冰块，表面覆以稻草，严封窖门，在贮藏期内需抽查，及时处理变质果。冰窖温度保持在-0.5～1.0 ℃，可贮藏2～3个月。

2. 气调贮藏

气调贮藏（Controlled Atmosphere，CA）即"调节气体成分贮藏"，是人为改变环境中的气体成分的贮藏方法。采用气调贮藏的杏果需适当早采，采后用0.1%的高锰酸钾溶液浸泡10 min后取出晾干，这样既有消毒、降温的作用，也可延迟后熟衰变。将晾干后的杏果迅速装筐，预冷12～24 h，待果温降到2 ℃以下时再转入贮藏库内堆码，筐间留约3 cm的间隙，码7～8层。库温控制在0 ℃左右，相对湿度为85%～90%，配以5%的CO_2+3%的O_2的气体成分，此条件下的贮藏效果最好，但对低温较敏感的品种不宜采用。此条件下贮藏的杏果出售前应逐步升温回暖，在18～24 ℃温度条件下后熟，有利于表现出良好的风味。

3. 保鲜剂

在研究采用低温、气调等方法贮藏杏果的同时，近年来人们也开始探索使用化学方法进行杏的保鲜，但这些方法多是一些辅助措施，要与物理方法配合使用才能达到较好的效果。

4. 减压贮藏

减压贮藏能尽快排除田间热、呼吸热以及果实的代谢所产生的 CO_2、乙烯、乙醇、乙醛、乙酸等有害物质，从而延长果实的贮藏期。采用减压贮藏还可以降低呼吸强度，推迟呼吸高峰的出现时间，减缓总酸含量的下降，有效抑制 PG 和 LOX 的活性，从而延缓杏果实的软化衰老进程。

减压贮藏可以抑制果实的呼吸代谢，抑制乙烯的生物合成，减少生理病害的发生，明显延长杏果实的贮藏寿命。据国外资料，杏在 $1.36×10^4$ Pa、0 ℃ 条件下贮藏，贮藏期可达 90 天。

不论是何种贮藏方式，在出库时都要采取变温出库（由 0～5 ℃ 再到 10 ℃）的方式，不可过急。

技能训练

实训 5-1　杏果实的采收与分级

一、目的与要求

通过实训，学会果实的采收、分级和包装方法。

二、材料与用具

材料：当地主要果树的结果树。

用具：采果梯（或采果凳）、采果袋（篮）、采果剪、包装容器（果筐或果箱）、果实分组板、包果纸。

三、实训内容

1. 采收。

（1）果实成熟度鉴别。

采收前观察待采果实的成熟度，根据要求确定采收期。

（2）采收的产量估计。

（3）采收方法。

根据果实种类确定采收方法。采果时用手掌托着果实底部，用拇指或食指按住果梗,向上稍托起或向一侧旋转,使果梗与果枝自然分离,再将采下的果实放在采果袋(篮)或果筐中。操作时要求做到轻拿轻放,避免产生碰压伤。

(4)采收顺序及注意事项。

用手采收时,应先从树冠下部和外围开始,采完后再采内膛和树冠上部的果实,以免采收时碰落其他果实。

2.分级。

果实采下后装入筐中,运往阴凉的场所,然后按果品分级标准进行分级。果实按照果实大小、着色程度、病斑大小、虫孔有无以及碰压伤的轻重等进行分级。区分果实大小目前主要是用分级板。分级板是一种长方形光滑的木板,根据分级标准,板上有几个直径不同的圆孔。分级时用手将果实送入合适的圆孔中,即可分出级别。如能熟练掌握分级标准,亦可用手或目测进行分级。

3.包装。

(1)包装容器。

一般内销果实多用条筐或竹筐,外销果实多用纸箱或木箱。

(2)衬垫物和填充物。

在装果前,容器内需放衬垫物,使果实不与内壁直接接触。常用的衬垫物有蒲包、干草、纸条等。为了减轻果实在贮运中的损伤,还常在容器底部和果实空隙间加放填充物。常用的填充物有稻壳、锯屑、纸条等。

(3)包装方法。

要求层次分明,装果层数以装满容器使最上层果与容器口齐平或略低为准。装好后上面铺垫一层软草或纸条,加盖捆好。最后在包装容器外面标明果实品种名称、等级、重量及产地等。外销果品多用纸箱包装(如瓦楞纸箱),纸箱装果排列有一定规格,装果时必须按规定执行。

四、实训提示和方法

1.实训前先选定采收品种、园地,准备好各种采收包装工具。
2.实训时以小组为单位,轮流参加采收、分级和包装操作。

五、实训作业

对杏果采收分级包装情况进行总结,写出试验报告。

任务考核与评价

表5-4 杏果实采收分级包装考核评价表

考核项目	考核要点	等级分值				考核说明
		A	B	C	D	
态度	严格按照实训要求操作,团结协作,有责任心,注意安全	20	16	12	8	①考核方法:采取现场单独考核和提问 ②实训态度:根据学生现场实际表现确定等级
技能操作	①能够准确判断杏果适宜的采收时间 ②掌握杏果采收的方法	60	48	36	24	
结果	教师根据学生管理阶段性成果给予相应的分数	20	16	12	8	

项目5 / 果实采收及采收后管理

任务5.2　杏果的加工

任务目标

了解杏果、杏干、杏脯和杏酱加工工艺。

能力目标

掌握杏果、杏干、杏脯和杏酱的制作工艺。

基础知识

杏果肉含有丰富的糖类等营养物质,除鲜食外还可加工成杏干、杏脯、果汁、果酱、罐头、果酒等多种加工品。

一、杏干的加工和制干方法

杏干是新疆传统的加工品,由于新疆夏季空气干燥、降雨少、气温高,晒制杏干简便易行,各杏产区广泛晒制杏干并周年食用。

制干是借助于热力作用,降低果实中的水分,提高可溶性固形物含量,抑制酶活性,从而使制品得到较长时间的保存。制干的优点表现在设备可简可繁,生产技术容易掌握,可以就地取材,加工生产成本低廉,成品体积小,重量轻,携带方便,容易运输和保存,调节生产的淡旺季,可以周年供应等。

1.制干对杏品种及品质的要求

适宜制干的杏品种,应具有果肉厚,果肉与果核易分离,水分少、纤维少、香气浓、果肉色泽好,大小和色泽均匀一致的特点,即使成熟后杏果实仍然具有一定的硬度,可溶性固形物含量高,含糖量在22°Bx以上[Brix(°Bx):即白利糖度(Degrees Brix),符号°Bx,是测量糖度的单位,代表在20 ℃情况下,每100克水溶液中溶解的蔗糖克数。常用于水果糖分测试]。杏果在制干后应均匀整齐,肉与核易分离,组织紧密适中,具有本品种固有的甜酸味,无异味。如大胡安娜、黑叶杏、赛买提、库买提、小白杏、乔尔胖、细黑叶杏、卡巴克西米西、馒头玉吕克、库车托拥等品种较适宜制干。而猪皮水杏、骆驼黄杏、短枝杏、玛瑙杏、红玉杏、晚熟黑叶杏、小五月杏等品种制干后,颜色不均匀,肉与核不易分离,杏干口味较差,不适宜制干。

2.制干对果实成熟度的要求

果实的成熟度是影响采收后制干的最重要的因素之一,杏果的成熟度对杏制干产品的饱满程度、风味、制干率等质量指标有重大的影响。采收过早,由于杏果实的可溶性固形物含量低,制成的杏干产品皱缩严重,感观质量和风味差,制干率低。因此应正确把握杏果的采收时间,以获得质量较好的杏制干产品。一般常用可溶性固形物含量、果实硬度和色泽变化等因素来进行综合分析,判断果实成熟度,确定适宜的采收时间。

为了获得较好的制干率,应尽量延长挂果时间,采收的果实可溶性固形物含糖量在20%~22%为宜,如果采收过早,则杏干的形状呈船形,产品价值降低。还可以通过观察果实的颜色与果实柔软度,确定采摘时间。果实的柔软度确定的标准是要保证果实采收后的切分等操作能够顺利进行。原则上进行手工切分的果实要求完全成熟到过分成熟,进行切分时如果可溶性固形物含糖量超过22%,则杏干很难从托盘上刮除。但如果进行整果杏制干,果实可溶性固形物含糖量可超过25%。

当杏果刚着色,果肉稍有弹性时,熏硫后制得的杏干质量最好。如成熟度低,熏硫后的杏干是白色的,晒后呈青黄色,味道发酸;过熟,熏出来的杏干易腐烂,晒后果肉粘在一起,杏核露在外面。

3.对果实采收方法的要求

目前,采收主要由手工完成,在采收、装运过程中应轻拿轻放,避免造成杏果实的擦伤、碰伤等机械损伤。

4.制干工艺过程

杏制干生产按加工目的和加工地点的不同可分为两个阶段:第一阶段是在产地进行的以护色、干燥脱水为主要目的的加工过程,其工艺流程为:清洗→护色→自然干燥。第二阶段是在包装厂进行的以达到食品卫生质量为目的的加工过程,其工艺流程为:杏干半成品接收、检验→清洗和杀菌→脱水干燥→分级→包装。

(1)杏果挑选分级及清洗。

杏果应外形整齐,按果实大小分为大、中、小三种。杏果实清洗要用清洁的自来水,杏果实经浸泡或高压喷淋后,应彻底清洗掉表面黏附的灰尘、泥沙和微生物等外来污染物,在清洗过程中应避免机械损伤。

(2)果实切分。

如果是晒制整果带核杏干,则不需对果实进行切分。手工切分的标准方法是完全沿缝合线切分,去核,切面要整齐光滑,挖去果核,杏碗向上放置在木制干燥托盘上。把切好、去核的果实松散放置在托盘上,尽量填满,去掉核屑、核及果梗,因为它们在果实干燥后不容易去除。

(3)熏硫护色处理。

护色的目的一是为防止果肉在制干贮藏过程中发生褐变;二是破坏果肉细胞,加快干燥速度。熏硫护色是目前最行之有效的方法。二氧化硫具有很强的抗氧化能力,能有效地抑制杏果在加工贮藏中发生色泽褐变和腐败变质。虽然熏硫后杏制干产品中有二氧化硫残留,对有呼吸道疾病的人有一定的刺激作用,但由于熏硫护色方法简单、实用、有效,在美国、澳大利亚、土耳其等主要杏干生产国家仍然被普遍采用。国外对杏制干产品中的二氧化硫残留量做了严格的限制,澳大利亚规定二氧化硫的最大残留量不能大于 0.03 g/kg,美国是不能大于 0.025 g/kg,国际食品法典委员会推荐的二氧化硫最大残留量是 0.02 g/kg。目前,我国对杏制干产品中二氧化硫残留量要求是不大于 0.05 g/kg。

(4)干燥

制干可采用自然干燥或人工干燥方法进行。常用的自然干燥主要是太阳直接照射、自然阴干和晾晒棚阴干。

掌握适宜的干燥程度是关键,如果过干,会导致果肉干硬、杏果小、皮皱、外观差、口感不好,影响杏果等级;过湿,则糖汁容易渗出,外观黑,食则易粘牙,且易发霉腐败变质。适宜的干燥程度应为含水量 15%～18%,此时彼此不相互黏着,无糖汁液渗出,离核,不粘牙,果形丰满,肉质厚实而柔软,口感舒适香甜。

①太阳直接照射。

在阳光下晒干是传统制干方法,由于经济实用,在半成品生产过程中被广泛应用。制干场地应选择在开阔平整,远离居民区、牲畜棚圈、交通要道、树木和农作物多的地方,要求空气干燥、通风条件好、无粉尘、阳光直射的场地。同时,应采取防尘、防雨、防蝇、防虫及防止其他外来污染物的措施。用来制干的原料应装在木制或竹制的晒盘内,或放在草席上,装盘时应注意将切分去核后杏的凹面朝上,以加快制

干速度和防止护色后产生的汁液流失。在天气晴朗的情况下,晒制3～5天即可达到杏制干产品的相应水分要求(如彩图24所示)。

②自然阴干。

将经过熏硫处理的杏装入托盘,经过一天的太阳直接照射,然后摆放在阴凉处,经过7～10天,即可晾晒完毕(如彩图25所示)。

③晒棚自然干制。

将经过护色处理后的果实放在晾晒棚内,晒至水分含量为16%～18%。

凉棚的制作:长方体的棚架,棚架内应有数层隔板,棚架四周及顶部用单层纱布围拢遮盖,这样既通风透气又防阳光直射,防止杏果中糖分析出,见光变黑,发生粘连,不易晒干,导致皮皱、外观色泽差、含糖量降低等,降低杏干商品等级。

将浸泡沥干的杏果整齐排放在铺有一薄纱的浅筐内,将浅筐放入棚架的隔板上,一层层排放整齐,然后将棚架移到空旷处。杏果在阴干过程中,注意将棚架上下的杏筐适时调换,使一次送入的杏果通风受热均匀,同时干燥,同时出架,提高棚架利用率。另外,每隔3天轻翻一次杏果实,以保证均匀晾干。用此法一般5～6天即可阴干,比传统方法制得的杏干卫生条件好。

④人工干制。

将熏过硫的杏果放在烘盘上,送入烘房。烘房初温为50～55 ℃,终温70～80 ℃,经10～12小时,可干制到所需的含水量(如彩图26、27所示)。

杏果热风烘干房由于制作过程不受天气的影响,较土法制干干净、卫生,制干时间短,从15天缩短至3天,制干过程中没有霉烂等损失,且生产的杏干干净,颜色金黄,口感也很好(如彩图28所示)。

(5)杏干半成品的检验要求。

杏干半成品的检验主要是对水分含量、二氧化硫含量、总糖含量、色泽、形状等指标的检验。通过对杏干半成品的严格检验,控制原料质量,从而达到控制产品质量要求的目的。

(6)杀菌、清洗的要求。

由于杏干半成品是在露天下晒干的,不可避免地存在着微生物和外来物的污染。因此应对杏干半成品进行清洗、杀菌,使杏干半成品达到食品卫生质量要求。杀菌可采用热杀菌,将杏干半成品浸泡在热水中进行杀菌,热水温度应针对需要杀灭的细菌种类来确定,一般情况下热水温度在85~92 ℃时,5~8 min即可有较好的杀菌效果。清洗可在杀菌的同时进行,由于果肉经热水浸泡后变软,不宜采用毛刷等强度较大的工具进行清洗。另外,杀菌、清洗的时间不宜过长,否则,食品中的可溶性物质将会受到损失。由于杏干半成品的吸湿性很强,清洗过程中将会吸收大量的水分,增加了后续干燥脱水的时间和能源消耗。因此,在达到最佳卫生质量的前提下,应尽量减少杀菌、清洗时间。

(7)干燥脱水。

杏干半成品经过杀菌、清洗后,它的水分含量有较大的增加,必须通过人工方法进行干燥脱水,以保证杏干产品的水分在标准要求范围内。由于杏干本身含糖量高,这种性质的物料有效扩散系数小、干燥速率慢,难以干燥,因此不宜采用过高的干燥温度。否则,会造成干燥食品表面硬化,阻碍内部水分的蒸发,食品风味降低。杏干产品一般采用循环热风干燥,干燥介质的温度不超过55 ℃。

(8)杏干的分级(新疆维吾尔自治区地方标准DB/T3037-2009)。

优质的杏干应大小均匀整齐,颗粒完整,无破损,无虫蛀,无霉变;呈黄色、橙黄色或棕色,色泽均匀一致;具有本品种固有的甜香味,无异味;肉与核易分离,质地柔软适中。

杏干产品按尺寸大小进行分级,简单的分级方法是采用25 mm、35 mm口径的晒网进行分级。将杏干放在35 mm口径的筛网中,没有漏下去的杏干属于极大杏干,没有在25 mm网眼上漏下的是大杏干,漏下的是中等杏干。采用振动分级机械进行分级,一般采用圆形冲孔筛可达到设定的等级要求。还可以根据杏干感官要求分级标准,将杏干分为一级、二级和三级,如表5-5所示。杏干的理化要求、微生物要求如表5-6、5-7所示。

表5-5 杏干的感官要求(新疆维吾尔自治区地方标准DB/T3037-2009)

项目	一级	二级	三级
外观	饱满,具有本品种固有的风味,无异味,大小均匀整齐,色泽一致,无虫蛀果	较饱满,具有本品种固有的风味,无异味,大小基本均匀整齐,色泽基本一致,无虫蛀果	
杂质	无肉眼可见杂质		
劣质果率%	无	≤2.0	2.0~5.0

表5-6　杏干的理化指标（新疆维吾尔自治区地方标准DB/T3037-2009）

项目	指标
水分,%	16~18
总酸（以柠檬酸计）,%	0.1~0.4
总糖（以蔗糖计）,%	≤55
二氧化硫残留量,g/kg	≤0.05
总砷（以As计）,mg/kg	≤0.5
铅（以Pb计）,mg/kg	≤0.5
铜（以Cu计）,mg/kg	≤10
汞（以Hg计）,mg/kg	≤0.01
着色剂	符合GB2760的规定
防腐剂	符合GB2760的规定
甜味剂	符合GB2760的规定

①着色剂包括柠檬黄、日落黄等人工合成色素，检测时应根据产品的颜色确定
②防腐剂指苯甲酸和山梨酸
③甜味剂指糖精钠和环已基氨基磺酸钠（甜蜜素）

表5-7　杏干的微生物指标（新疆维吾尔自治区地方标准DB/T3037-2009）

项目	指标
菌落总数（cfu/g）	≤1000
大肠菌群（MPN/100g）	≤30
致病菌（沙门氏菌、志贺氏菌、金黄色葡萄球菌）	不得检出
霉菌（cfu/g）	≤50

（9）包装与贮存。

杏干包装的目的主要是防潮和防虫蛀。一般用既能防虫蛀又对水蒸气有较好隔绝性能的聚乙烯塑料薄膜封装，或者选用透明复合薄膜包装，也可装入纸箱、木箱或麻袋内，压实以免通风透气。产品也可以真空和充氮气包装。包装应在低温、干燥、清洁和通风良好的环境中进行，最好能进行空气调节并将相对湿度保持在30%以下。包装材料应能达到以下要求：①能防止杏肉吸湿回潮以免结块和长霉；②包装材料在90%相对湿度中，每年水分增加量不超过2%；③不透外界光线；④贮藏、搬动和销售过程中具有耐久牢固的特点；⑤包装的大小、形状和外观应有利于商品的推

销；⑥和食品接触的包装材料应符合食品卫生要求，并且不会导致食品变质和变味。

贮藏地点应干燥、洁净，底部应用木板垫高，以免回潮变质。根据成品的质量进行分级。将色泽差、干燥度不足以及破碎果片拣出后，按等级用木箱或纸箱包装。装箱前须在箱内衬上包装膜或包装纸，以防杏干受潮；入箱后的杏干应在温度为0～50 ℃、相对湿度为65%左右的环境下贮藏，避免在阳光直射的地方贮藏。可贮藏6～9个月，在0 ℃下最多可贮藏3年。杏干中的含水量不能低于10%。

包装加工过程中，浸泡槽、清洗机、振动输送脱水和热风干燥设备中有残留的清洗液，由于清洗液中含有少量的糖分，微生物易于繁殖，而这些设备的某些部位清洗比较困难，如果清洗、消毒不彻底，即可成为微生物的污染源。盛装杏肉的容器不洁也可能造成微生物的污染。所以，设备和容器应彻底清洗干净，并采取消毒措施。

二、杏脯的加工

杏脯是将杏去核、晒干后制成的。果脯是原料经糖渍后，再经干燥而成，成品表面不黏不燥，有透明感，无糖霜析出。杏脯蜜饯营养丰富，含有大量的葡萄糖、果糖，极易被人体吸收利用；另外，还含有果酸、矿物质、多种维生素、多种氨基酸及膳食纤维等对人体健康有益的物质。

杏脯色泽美观，酸甜可口，色、香、味俱全，保持了鲜杏的天然色泽和营养成分，并具生津止渴，去冷热毒之功效（如彩图29所示）。

1. 工艺流程

原料选择→清洗→去核→熏硫→糖煮→糖渍→糖煮→糖渍→糖煮→烘烤→整形包装→成品。

2. 操作要点

（1）原料选择。

原料应选用青色褪尽、全部呈现黄色，质地柔韧，新鲜，肉厚核小，含纤维少，成熟度八成左右，大小一致的杏果；剔除带有病虫害、腐烂、带青色和已变软的杏果。

（2）去核。

将选出的杏果用清水洗净，用不锈钢刀顺着杏的缝合线剖开去核，然后放入1%～2%的食盐水中浸泡以防变色。

(3)熏硫。

把处理好的杏果从食盐水中捞出,用清水冲洗,沥净水分,将杏剖面向上,置于竹盘上。把硫黄放入小铁碗中,点燃后放入大缸底,将竹盘放在缸上,用干净塑料布盖好并进行熏硫。硫黄用量为每 100 kg 果肉用 0.4～0.6 kg。熏制 2～3 h,待剖面出现绿豆大小的水珠,杏肉呈淡黄色时即可取出。

(4)第一次糖煮。

配制 35%～40% 糖液,煮沸后,把已经熏过的杏果倒入锅内煮制 5 min,捞出。紧接着将糖液倒入大缸内冷却,然后再将杏果也倒入缸内浸渍 24 h,使糖液渗入果实内部。

(5)第二次糖煮。

将杏果捞出,把糖液放入锅中,调整浓度为 60%～65%,煮沸后,将第一次煮过的杏果放入糖液煮制 2～3 min,随即捞出,再将糖液倒入大缸中冷却,然后将杏果也倒入缸内再浸渍 24 h。

(6)半成品干燥。

将经过两次糖浸的半成品杏果取出,凹面向上放于竹盘上,在阳光下暴晒 6～8 h。也可在 60～70 ℃ 烘房中烘烤,待果实表面出现细小皱纹时,再进行第三次糖煮。

(7)第三次糖煮。

将糖液浓度调整为 70%,把半成品杏果倒入锅内热烫 3～5 min,随即捞出,滤去糖液,铺在竹盘上冷却。冷却后,用手整形,将杏果捏成齐整的扁平圆形。

(8)烘烤。

将整形好的杏果放在竹盘上日晒,至杏果表面没有稠厚糖液,不太粘手并具有韧性时,即为成品。也可送入烘房中烘烤,温度 55～60 ℃,时间约 6～8 h。烘烤过程中应注意调换盘位及翻动盘中的果块,使之受热均匀。

(9)包装。

将检验合格后的杏脯用塑料袋包装,放入垫有牛皮纸的纸箱内,置于通风干燥处密封保存。

3.质量问题及防止措施

(1)返砂和流糖。

返砂是指糖制品的糖,在某一温度下,其浓度达到过饱和时,呈现结晶的现象(晶析)。返砂降低了糖的保藏作用,有损于制品的品质和外观。返砂产生的原因是制品中蔗糖含量过高而转化糖不足。相反,果脯中转化糖含量过高,在高温高湿和潮湿季节就容易吸潮,形成流糖现象。当转化糖含量为40%～50%,即占总含糖量60%以上时,在低温、低湿条件下保藏,一般不返砂、也不流糖。因此,在煮制果脯时,如果能控制成品中蔗糖与转化糖的比例适宜,返砂和流糖现象就可以避免。

成品中蔗糖与转化糖含量的比例,主要由煮制时糖液的性质所决定。煮制时转化糖含量高,则成品中转化糖含量也高。因此,控制煮制条件是决定成品中转化糖含量的有效措施。转化的影响因素有糖液的pH值及温度,一般pH值在2.0～2.5之间,加热时就可以促进蔗糖转化。目前,生产上多采用柠檬酸来调节糖液的pH值。

(2)煮烂与皱缩。

煮制杏脯时,划皮太深,划纹相互交错,煮制后易开裂。果脯的软烂除与果实品种有关外,成熟度亦是重量的影响因素,过生、过熟都容易煮烂。防止煮烂可采用经过前处理的果实,不立即用浓糖液煮制,可先放入煮沸的清水或1%的食盐溶液中热烫几分钟,再按工艺煮制,也可在煮制前用氯化钙溶液浸泡果实。

果脯的皱缩主要是"吃糖"不足,干燥后易出现皱缩干瘪。解决的方法主要是在糖制过程中分次加糖,使糖液浓度逐渐提高,延长浸渍时间,亦可采用真空渗糖。

(3)褐变。

正常的果脯颜色为金黄色至橙黄色。当果脯颜色发生褐变时,解决的方法主要是熏硫,热烫处理也是防止变色的一个重要措施。如果热烫的温度达不到要求,酶的活性没有被破坏,甚至还会促进变色。在用多次浸煮法加工果脯时,第一次热烫时必须注意要使中心温度达到热烫液的温度,否则会引起变色。引起果脯颜色变深的另一原因是糖与果实中氨基酸作用产生黑蛋白素(非酶褐变)。糖煮的时间越长,温度愈高,转化糖愈多,越能加速这种褐变。因此,在达到热烫和糖煮适宜温度的前提下,应尽可能缩短糖煮时间。

非酶褐变不仅在糖煮时发生,在果脯干燥过程中,也能继续发生。特别是烘房内温度高,通风不良,干燥时间长,可导致成品的颜色较深暗。这可从改进烘干设

备、缩短烘烤时间两个方面加以解决。

4. 产品质量指标

优质的产品呈淡黄至橙黄色,色泽较一致,略有透明;组织饱满,块形大小一致,质地软硬适度;具有杏的风味,无异味;含水量18%~22%;含糖量60%~65%。

三、杏酱的加工

1. 工艺流程

原料选择→清洗→切半、去核→软化→打浆→浓缩→装罐→封口→杀菌→冷却。

2. 技术要点

(1)原料选择。

宜选用肉厚的黄杏。白杏不宜加工杏酱。果个大小不限,但要求核小,以提高原料利用率。杏果风味要浓厚,粗纤维少。果胶含量多的杏品种适于制酱。加工杏酱的杏果,应在八九分成熟时采收。采收过早,不仅酱体色泽浅淡,而且稀薄不黏,但也不可采收过晚,过熟制酱也不易形成凝胶状。采收后剔除虫果和霉变果。

(2)清洗、切分、去核。

用清水将果面冲洗干净,用不锈钢小刀沿缝合线将杏果切开,也可徒手捏开,取出杏核,剔去表面的斑疤,放入1%的盐水中护色。

(3)去皮。

可用碱液去皮,即配制20%氢氧化钠溶液,在80 ℃温度下将杏果浸泡1~2 min,捞出后立即用流动水搓洗,去除皮屑,切半,浸入清水中。

(4)软化。

加水(水重为果肉重的1/3),加热煮沸2~3 min,要不断翻动,至果肉变软为止。

(5)打浆。

用孔径为0.7~1.0 mm的打浆机打浆1~2遍。

(6)浓缩。

按果浆重量的50%分批加入精制的白砂糖。加热浓缩至可溶性固形物含量达50%时,停止加热。有时可加入适量甜蜜素。浓缩过程中,要不断搅动,以免焦煳。

(7)装罐。

趁热将果酱装入玻璃瓶中(要求装罐时酱体温度不低于85 ℃),除去瓶口的残留果酱。

(8)封口。

装罐后,立即封口,注意瓶盖要放正(最好倒转一下,以使其旋纹对接),封严密。封口时温度不低于70 ℃。

(9)杀菌、冷却。

封口后放入100 ℃水中杀菌15 min,然后采用分段(80 ℃,60 ℃,38 ℃)冷却法冷却至38 ℃。

3. 质量要求

(1)酱体呈金黄色或浅黄色,有光泽,且均匀一致(如彩图30所示)。
(2)细腻成胶黏状,能徐徐流散,无杂质,无糖结晶。
(3)具有杏果酱应有的香气和风味,甜酸适口,无杂质,无焦煳味。
(4)可溶性固形物含量50%,总糖量40%左右,每100 g含维生素C为3 mg。
(5)重金属和微生物含量符合食品卫生标准。

技能训练

实训5-2　杏果的加工

一、目的与要求

掌握杏果实加工的工艺和操作要点。

二、材料与用具

材料:杏果实、砂糖、柠檬酸、氯化钙、亚硫酸氢钠。

用具:不锈钢刀具、挖核器、台秤、夹层锅或不锈钢锅、烘箱、烘盘、陶缸、塑料薄膜热合封口机等。

三、实训内容(参考市项目)

1. 杏干的加工工艺流程。

2.杏脯的加工工艺流程。

3.杏酱的加工工艺流程。

四、注意事项

1.因完成本实训的时间较长且分散,应结合其他综合实训或实验实习穿插开展本实训内容。

2.工艺试验方案的设计宜利用课后非实训时间完成,并要查阅和根据相关技术资料或经验进行修改、完善,必要时由实训指导教师审阅、修改后确定。

3.本实训可以4～6人一组合作进行。

4.如开设果蔬储藏加工课程可省略此实训。

五、实训作业

总结。

任务考核与评价

表5-8 杏果实加工工艺和操作考核评价表

考核项目	考核要点	等级分值				考核说明
		A	B	C	D	
态度	严格按照实训要求操作,团结协作,有责任心,注意安全	20	16	12	8	①考核方法:采取现场单独考核和提问 ②实训态度:根据学生现场实际表现确定等级
技能操作	①杏干的加工 ②杏脯的加工 ③杏酱的加工	60	48	36	24	
结果	教师根据学生操作结果给予相应的分数	20	16	12	8	

任务5.3　秋施基肥

知识目标

根据杏树的需肥特点,熟悉杏秋施基肥的各个环节;了解确定适宜基肥期对提高果实品质的重要性。

能力目标

能够根据杏需肥特点,使用正确的施肥技术。

基础知识

基肥是长期供给果树多种元素的基础,主要指有机肥,包括厩肥、人粪尿、绿肥、饼肥、堆肥及各种杂肥等,以油饼、优质厩肥为最佳。增施有机肥可以疏松土壤,改善土壤的水、肥、气、热条件,促进根系发育,增强吸收能力,保证树体生长、结果所需的大量及微量元素。

一、基肥的施肥时期和方法

根据杏树生长发育对养分的需求特点,施足基肥,及时、适量追施速效肥料,可以促进树体健壮生长,增加完全花比例,提高坐果率,增进果实的外观品质和内在品质,延长杏树的经济寿命,实现高产、高效。

二、施肥时期

9月至10月施基肥一次,结合深翻进行,将有机肥和氮、磷、钾等化肥施入,有微量元素缺乏症的园地可在此时补充。

三、施肥方法

1. 环状沟施肥

以树冠投影外缘为起点,围绕树干挖宽40～50 cm、深40～60 cm的环状沟,一般与深翻扩穴相结合。并随着树冠的增大,逐年向外扩展(如图5-1所示)。

图 5-1 环状沟施肥

2. 条沟施肥

在树冠两侧、树冠投影边缘，对称挖两条深 50~60 cm、宽 30~40 cm 的条形沟，将基肥和表土各半混合后施入沟中覆土。每年改换方向和位置（如图 5-2 所示）。

图 5-2 条沟施肥

3. 半圆沟施肥

在树冠一侧沿树冠挖一条深 50~60 cm、宽 30 cm 的半圆沟，将基肥和表土各半混合后施入沟中覆土。来年在对面以同样方法施肥。

4. 坑穴施肥

在树冠周围挖 5~6 个深 50~60 cm 的坑穴，将化肥、有机肥和表土混合后施入沟穴中覆土。

5.放射状施肥

以树干为中心,根据树体大小从距树干50~100 cm处开始由里向外挖6~8条放射状沟,沟宽40~50 cm,沟的深度应里浅外深,以不伤及大根为度,沟的长度应超过树冠的垂直投影30~50 cm。每年要变换放射沟的位置。放射状沟施肥比环状沟施肥伤根少,适合盛果期杏园(如图5-3所示)。

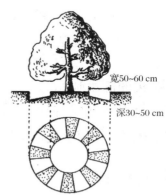

图5-3 放射状施肥

6.全园撒施

把腐熟的有机肥均匀撒到行间,用深犁翻压深度0.3 m以上(如彩图31所示)。

技能训练

实训5-3 杏秋施基肥

一、目的与要求

通过实习,使学生掌握各种施肥方法的操作步骤、标准要求和注意事项。

二、材料与用具

材料:充分腐熟的有机肥、过磷酸钙、尿素等。

用具:镐、铁锹、耙子、小推车、土篮、灌水工具等。

三、实训内容

1.环状沟施肥。在树冠外缘(树盘内)挖一环状沟,施基肥要求沟深40~60 cm,

宽40~50 cm。表土和底土在沟两侧分开放置。

2.放射沟施肥。距树干50 cm左右,向外挖放射状沟6~8条,要求内浅外深、内窄外宽。沟深度同上。

3.按照规定的施肥比例将农家肥与化肥混合均匀后填入施肥沟内,然后填入少量表土,将肥与土混拌均匀。

4.施肥后覆土、踩实,用耙子耙平。

5.灌水。施肥后立即向施肥沟内灌入充足的水,使根系与土壤密接。

四、实训提示和方法

本次实训最好结合生产进行,要求每4人一组,用两种方法各施几株果树,完成生产任务,以便学生在实际操作中掌握技术。

五、实训作业

1.秋施基肥的时期是什么时候?
2.秋施基肥的意义是什么?
3.总结秋施基肥的常用方法。

任务考核与评价

表5-9 杏秋施基肥考核评价表

考核项目	考核要点	等级分值				考核说明
		A	B	C	D	
态度	遵守时间及实训要求,有责任心,注意安全及工作质量	20	16	12	8	①考核方法:采取现场单独考核和提问 ②实训态度:根据学生现场实际表现确定等级
技能操作	①施肥沟位置确定适宜 ②施肥沟宽度、深度符合要求 ③按要求的施肥量足量施入肥料 ④覆土严实,不露肥 ⑤爱护工具,注意安全	60	48	36	24	
理论知识	教师根据学生现场答题程度给予相应的分数	20	16	12	8	

项目6 休眠期管理

✈ 项 目 目 标 ✈

知识目标

1. 了解杏修剪的原则、依据,杏树修剪的时期,掌握冬季修剪的主要方法。
2. 了解杏树常见树体结构的主要参数和结构特点。
3. 了解杏树不同树龄时期的生长特点和修剪目的。

能力目标

1. 掌握冬季修剪的主要方法,能应用到不同的树上。
2. 掌握杏树的主要树形及其整形修剪方法。
3. 掌握不同树龄时期的杏树整形修剪过程。

素质目标

培养科学严谨的工作态度和吃苦耐劳的工作精神。

任务6.1　杏树修剪的时期与方法

知识目标

了解杏树修剪的原则、依据,杏树修剪的时期;掌握冬季修剪的主要方法。

能力目标

掌握冬季修剪的主要方法,能应用到不同的树上。

基础知识

一、修剪原则和要求

1.修剪原则

(1)因树修剪,随枝做形。

在进行整形修剪时,依据品种特性、地力、栽植密度和实际的树体长势,因树修剪,随枝做形,做到有形不死,活而不乱。合理的树形,有利于合理地利用空间和阳光,实现高产和优质。

(2)当前和长远相结合。

在整形修剪时要做到既考虑长远,又照顾当前。例如,对幼龄杏树,既要培养树形和迅速扩大树冠为主,又要使其早结果。如果片面强调树形,而忽视早结果和早丰产,则不利于早期经济效益的提高和树势缓和,也易造成杏园的郁闭。

(3)轻剪和重剪相结合。

修剪量越大,树体的长势越强,不利于早结果,但修剪量大有利于树体骨架的形成。修剪量小有利于早结果,但修剪量过轻,不易形成理想的骨架。

(4)冬剪和夏剪相结合。

以冬季修剪为主,冬季修剪和夏季修剪相结合。夏剪到位可降低冬季的修剪量,减少冬剪的副作用,提前形成树形,有利于早期高产和优质。

(5)主从分明,均衡树势。

保持主干、主枝和侧枝等延长枝的生长优势,做到主枝服从主干,侧枝服从主枝,从属枝必须为主干枝让路。主从分明有利于充分利用空间,增加树体的负载量,提高果实质量。

2.杏树整形修剪的依据

(1)品种特性。

杏树品种不同,生长结果特性各有差异,如在枝条开张角度、萌芽力、成枝力、结果枝类型和坐果率等方面,都不尽相同。如对较直立、长势较旺的品种,应注意开张枝条角度,缓和树势;对于树姿开张,而长势弱的品种要注意抬高枝条角度,增强树势。

(2)树龄和生长势。

不同树龄时期的杏树,对整形修剪的要求也不同。幼树至初果期树,应轻剪,以整形为主。盛果期树,应保持适当的主枝角度,打开光路,同时注意调节营养枝和结果枝的比例,以延长盛果期年限。衰老期的杏树,需要重剪,多短截和重回缩,使老枝得到更新复壮。

(3)修剪反应。

在详细了解各种修剪方法对枝条或树体剪后的促进、抑制和缓势作用的基础上,综合应用各种剪法。冬剪对全树整体长势起抑制作用,但对局部则起促进作用,剪截越重,对整体长势的抑制作用和对局部长势的促进作用越明显。夏剪的抑制作用较大,所以要控制好修剪量。总的来说,杏树枝条对修剪的反应没有苹果等果树的规律性强,生产中要不断观察,正确利用杏树的修剪反应,达到整形修剪的目的。

(4)气候和肥水条件。

气温较高、光照充足、降雨量较大的地区,树势一般较强,应适当轻剪。反之,在干旱少雨、气温较低的地区应适当重剪。土壤瘠薄、肥水缺乏的果园,应适当重剪。肥水条件较好的杏园,宜适当重剪。

(5)栽植密度和方式。

栽植密度和形式不同,整形修剪的方法和措施也应相应改变。密植园要求树冠矮小,主干高度和主、侧枝剪留长度宜适当减小,主枝角度宜适当加大,并应及早控制树冠生长,防止郁闭。

二、杏树主要的修剪时期和方法

1. 休眠期修剪的时期

休眠期修剪在落叶后至第二年树体萌芽前进行,又叫冬季修剪。冬季树体贮藏养分充足,通过修剪,可减少树体枝芽量,能充分保证留下枝芽的营养供应。冬剪量越大,对局部生长的促进作用越明显。休眠期修剪因剪除一部分花芽,可起到调节树体负载量的作用。冬剪还可改变树体的结构,改善通风光照条件,从而提高果实质量。

休眠期修剪宜晚不宜早,最好在早春进行。落叶后过早修剪,不利于养分的充分回流,造成光和营养的浪费;其次,修剪伤口长时间暴露在冬季低温干旱条件下,既不利于伤口愈合,又会给病源侵入提供场所。若在春季树体萌动后进行修剪,芽体过晚萌发,树液流动,修剪会造成养分的损失,树液流动也不利于伤口愈合。

2. 休眠期修剪的主要方法

休眠期修剪以短截、疏枝、回缩和缓放等方法为主要作业,修剪量大,对树体骨架的形成和营养的积累及分配有较大的影响。冬剪无叶片的干扰,操作比较容易。

(1)短截。

剪去1年生枝条的一段称为短截。根据剪除部分占枝条总长度的比例将短截分为:轻短截(剪除1/4左右)、中短截(剪除1/3～1/2)、重短截(剪除2/3)、极重短截(仅留枝条基部2～3芽,也叫留橛)(如图6-1、6-2所示)。短截程度的轻重,应根据枝条的粗细、长短以及品种、树势、短截目的等因素确定。

1.轻短截　2.中短截　3.重短截　4.极重短截

图6-1　短截分类

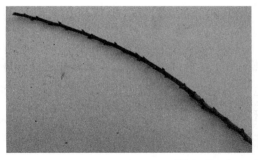 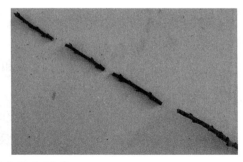

图6-2 杏一年生枝和短截

表6-1 杏主要短截方法一览表

短截类型	轻短截	中短截	重短截	极重短截
修剪方法	剪除一年生枝条长度的1/4左右,称为轻短截	剪除枝条的1/3~1/2为中短截	剪除枝条的2/3称为重短截,刺激作用大	枝条基部仅留二三个芽进行的短截称为极重短截,也称留橛
剪后反应	主要刺激剪口下半饱满芽萌发,促进形成较多中、短枝,生长势较弱,也易形成更多的花芽	剪口下为饱满芽,萌发新梢量中等。中短截会引起树势变旺,影响花芽的形成	剪口下多为弱芽,可抽生1~2个旺盛的营养枝外,下部可形成短枝	由于剪口下芽质量差,只能抽生1~2个中、短枝
图标				
应用范围	生产中用于强壮枝的修剪	生产中可用于长势偏弱的成龄树的修剪	生产中,对于部分竞争枝、徒长枝和过密枝可少量应用重短截培养中、小结果枝组	生产中,留橛重剪后会对剪口芽产生刺激作用,可用于萌发出壮枝

由于短截缩短了枝条长度,减少了芽的数量,从而可使养分、水分更集中地供应保留下来的枝芽,并刺激剪口以下的芽萌发和抽出较多、较强的新梢。

在幼树期间,为了整形的需要,一般只对骨干枝上的延长枝进行轻、中短截,以利于发枝扩冠,迅速增加全树总枝叶量和增加结果部位。其他枝要尽量少用短截。对部分竞争枝、徒长枝和过密枝,在适当疏密的基础上,可少量应用重短截或极重短截的方法培养中、小结果枝组。对于枝干背上部分的直立枝,也可应用短截和夏剪措施,培养结果枝组。

对盛果期树短截可维持健壮树势和稳定的结果部位,延缓结果部位外移,保持稳定产量。对于长势偏弱的成龄树,可适当采用中、重短截方法,以减少花量,增强长势,促进花芽分化。对衰老期树短截,可促进更新复壮。

(2)疏枝。

将一年生枝或多年生枝条从基部剪除称为疏枝。疏枝可以使树体通风透光,削弱顶端优势,增强光合效能,保护内膛的短枝和结果枝;减少营养的无谓消耗,促进花芽形成;抑前促后,平衡枝势。

疏枝的主要目标是:背上的竞争枝;树冠中、上部的过密枝、交叉枝,剪口附近的轮生枝。此操作一般在较旺枝上去强留弱,在弱枝上去弱留强(如图6-3所示)。

疏枝一般对全树或被疏枝的母枝起削弱生长的作用。削弱的程度与疏枝的部位、疏枝的多少和疏枝造成的伤口大小有关。杏树大量疏枝易引起伤口流胶,明显削弱树势。因此,杏树疏枝时不宜从主干基部疏除,可用留短桩的办法来解决,同时要注意涂伤口保护剂。疏枝时不可一次疏得过多,要逐年分期进行。

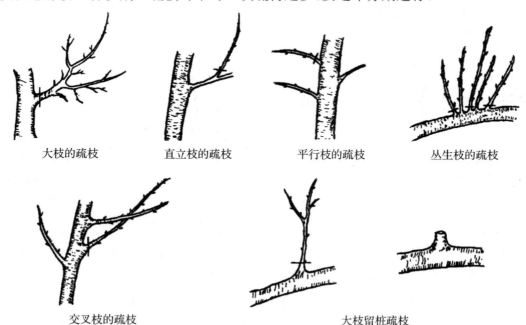

图6-3 疏枝的应用

(3)回缩。

将一年生或多年生枝条的一段剪去称为回缩,也叫缩剪(如图6-4所示)。回缩缩短了枝轴,使留下的部分靠近主干,养分集中供应,又降低了顶端优势的位置,可明显促进余下枝条的生长、开花和结果。缩剪可以削弱和控制不适宜部位母枝的生长量,促进后部枝条的生长或刺激潜伏芽的萌发,改变各类延长枝的延伸方向和角度,改善通风透光条件。回缩还可控制树冠大小,在辅养枝控制、结果枝组培养、多年生枝换头和老树更新时应用较多。

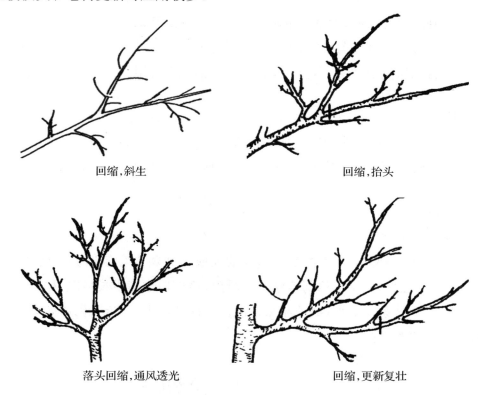

图6-4 回缩的应用

(4)缓放。

缓放就是对一年生枝条不进行修剪,也称甩放。缓放可缓和新梢的生长势,减少长枝的数量,改变树体的枝类组成,促进短果枝特别是花束状果枝的形成,从而有利于花芽的形成,是幼树和初结果树修剪时采用的主要方法。

在幼树期间,对骨干枝上的两侧枝、背下枝、角度大的枝进行缓放,形成短果枝的效果非常明显,而对直立枝、竞争枝和背上枝进行缓放,则易形成树上树,破坏从属关系,扰乱树形。因此,对后一类枝一般要疏除。另外,对结果多的枝,要缓、缩配合使用。树势较弱、结果多的树,则不宜缓放。

技能训练

实训6-1 杏树修剪基本技能训练

一、目的与要求

1. 学会观察修剪反应,为掌握杏基本修剪技能奠定基础。
2. 熟练掌握杏基本修剪技能,为其他树种修剪奠定基础。
3. 掌握杏幼树整形技术,学会基本修剪技能的综合应用。

二、材料与用具

材料:管理较好的各个树龄时期的杏树。

用具:修枝剪、手锯、芽接刀、梯子、开角用具、钢卷尺、卡尺、铅笔、笔记本等。

三、实训内容

1. 修剪反应观察。

冬季修剪前,观察上年各种基本修剪的反应。观察内容包括被剪枝条的生长势、角度、粗度、位置,采用的修剪方法及其程度,修剪后枝芽生长情况,如萌芽率、成枝力、枝类比例、枝条充实度、成花结果情况。在此基础上,评价其修剪效果,提出每一种修剪方法的改进技术。

2. 基本修剪技能训练。

(1)修剪工具的使用方法与枝条的剪截及锯除方法(见项目4内容)。

(2)各种修剪方法的训练。如不同短截程度的剪截部位,剪口芽的留用;回缩的部位及剪口枝的选留;缓放对象的选择;确定枝条开张角度的方法及操作规程等方法的训练。要求达到规范熟练、意图明确,与实际符合程度高。

四、实训提示和方法

1. 本实训可结合果树修剪综合实训,分2~3次进行,以冬季修剪为主,完成大部分技能训练。生长季分别在春季萌芽前和夏季新梢旺长期进行,并应利用专业劳动课继续进行技能训练。

2.为使学生从杏动态生长的角度掌握修剪技能,可先让学生观看相应的影视教学片,并采用室内板图演示、现场模拟教学、示范修剪等形式,使学生形成系统的修剪概念和综合技能。

3.实训开始阶段先由教师讲解示范,然后学生分组进行,以便共同讨论,尽快入门。以后逐步过渡到单人单株修剪。教师在指导学生修剪时,注意发现具有普遍性和典型性的问题,并及时集中全班学生进行辅导。

4.注意操作安全。

五、实训作业

1.在实习基地以实习小组或单人定树定期修剪。教师指导学生制订修剪方案,完成全年修剪。实习小组(或个人)之间应选择不同树龄的植株进行修剪并定期互相交流。

2.设计小型修剪试验,观察不同修剪的反应规律。

任务考核与评价

表6-2 杏树修剪基本技能训练考核评价表

考核项目	考核要点	等级分值				考核说明
		A	B	C	D	
态度	资料及工具准备充分;训练认真;团结协作;钻研问题;遵守安全规程	20	16	12	8	①考核方法:采取现场单独考核和提问 ②实训态度:根据学生现场实际表现确定等级
技能操作	①能够演示冬季修剪的各种方法(短截、疏枝、回缩、缓放) ②能根据树木生长状态指出所用修剪方法 ③安全操作	60	48	36	24	
理论知识	教师根据学生现场答题程度给予相应的分数	10	8	6	4	
结果	掌握修剪的方法及其修剪反应	10	8	6	4	

任务6.2 杏树主要树形和整形

知识目标
了解杏树常见树体结构的主要参数和结构特点。

能力目标
掌握杏树的主要树形及其整形修剪方法。

基础知识
理想的树形是为了合理利用空间,增加单位土地面积上的枝叶量,同时使枝叶分布均匀,充分利用光能,达到提高产量和质量的目的。

根据杏树的生长特性、不同的栽植密度和间作模式,目前生产中常用的树形有疏散分层形、自然圆头形、开心形等。

一、疏散分层形

1.树体结构

主干高度为40～60 cm,有明显的中心干,在其上分层着生6～9个主枝,通常为3层(如图6-5所示)。第一层3～4个主枝,第二层2～3个主枝,第三层1～2个主枝。层间距60～80 cm(第一层距第二层80 cm,第二层距第三层60 cm),层内距为20～30 cm。第一层主枝基角为50°～60°,第二、第三层主枝基角略小,为45°～50°,各层主枝相互交错避免重叠。

图6-5　疏散分层形

此树形有明显的中心干,主枝较多,分层着生,树体高大,树冠内膛光照条件好,不易光秃,枝条不易下垂,果实品质好,树体经济寿命长。疏散分层形适合于干性较强的品种及株行距较大、栽植密度较小的杏园。

2.整形过程(如图6-6所示)

第一年:春梢萌发前,留80 cm高度对苗木定干。

冬季,在整形带内选择一个健壮的直立枝作为中心延长枝,剪留60 cm,剪口芽要饱满。在延长枝下选留3~4个生长势强、分布均匀错落的主枝作为第一层,根据主枝粗度和长度留50~60 cm短截,剪口留外向芽。主枝间距为20~30 cm。主枝基角50°~60°。其余枝条全部剪除或拉平,以缓和生长势。

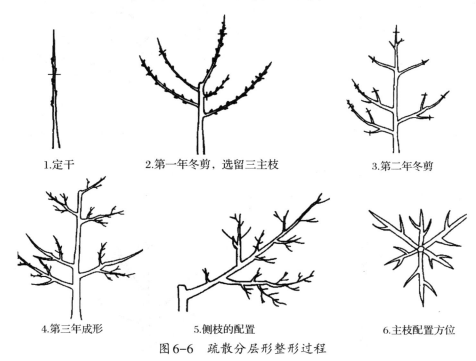

图6-6 疏散分层形整形过程

第二年:在中心领导干上,距第一层80 cm(层间距)处选留2~3个主枝作为第二层,主枝间距为10~20 cm,主枝基角45°~50°,第二层主枝与第一层主枝要错落分布。冬剪时,第二层主枝留50 cm短截。中心延长枝剪留50~60 cm。同时,在第一层的主枝上距离主干50 cm处选留2~3个背斜侧枝,为主枝培养大型结果枝组,方向交错分布。及时控制辅养枝。

第三年:在中心领导干上,距第二层60 cm处选留1~2个主枝作为第三层,最上一个主枝呈水平或斜向上伸展。第三层主枝要与第二层插空分布。同时,为第二层主枝培养背斜侧枝,分列于主枝两侧,相距30~50 cm。第三层主枝上一般不留侧枝。对于其余的枝条,短果枝和花束状果枝要保留,过旺徒长枝可摘心促发分枝培养枝组,或者从基部疏除。调整中心延长枝剪口芽方位,以利于主干的垂直生长和其中枝条的均匀分布。

二、自然圆头形

1.树体结构

干高60 cm左右,5~8个主枝,错开排列,主枝上每隔30~50 cm留一侧枝,侧枝上配备枝组,也可用大型枝组代替侧枝(如图6-7所示)。该树形是顺应杏树的自然生长习性,修剪量小,成形快,结果早,丰产,适于密植和旱地栽培。但后期树冠易郁闭,内膛光照不良,中下部容易光秃,外围枝易下垂,结果部位外移,造成产量低,果实品质下降。

图6-7 自然圆头形

2.整形过程(如图6-8所示)

定干:定植当季定干,干高为60~70 cm。

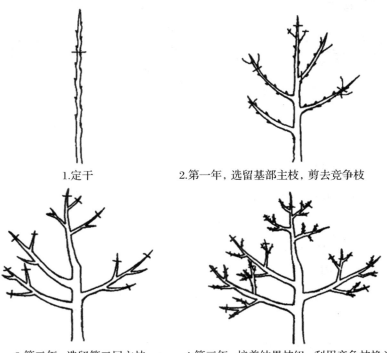

图6-8 自然圆头形整形过程

第一年冬剪:在整形带内选出一个长势强的枝条作为中心干,中心延长枝剪留

50~60 cm,使其向上生长。在中心干上选留3~4个错落着生的主枝,形成第一层,对选留的主枝,剪留长度为50~60 cm,剪口留外芽。在中心枝长势较弱的情况下要适当少留主枝,以保持中心枝的优势,避免形成"卡脖"现象。

第二年冬剪:中心枝剪留60 cm左右,剪口芽留在迎风面。对树势较强的可选留第二层主枝,使第二层主枝与第一层主枝错落着生。第二层主枝剪留长度为40~50 cm。同时为第一层主枝培养第一侧枝。控制非骨干枝的生长势。

第三年冬剪:中心枝剪留50~60 cm,剪口芽与上一年选留位置相反,以保持树干整体的垂直性。在中心枝下面选留第三层主枝,各主枝延长枝剪留50 cm左右,使其与第二层主枝错落着生。继续为第一层主枝、第二层主枝选留侧枝,侧枝要分列于主枝两侧,第一侧枝距主干50 cm,相邻两侧枝间的距离保持在40~50 cm,侧枝剪留长度为30~40 cm。

除了上述冬季修剪之外,还要用夏季修剪调控树势和生长量。

通过拉枝开张主枝基角,一般第一层主枝基角控制在45°~50°,第二层主枝的基角控制在40°~50°,第三层主枝基角控制在40°。

在树势较强、枝条生长量较大的情况下,可以通过夏季摘心的方法选留主、侧枝。

三、开心形

1.树体结构

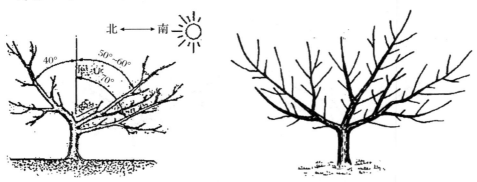

图6-9 开心形树体结构

干高40~60 cm,无中心干,主枝3~4个。各主枝间距20~30 cm,基角50°~60°,腰角60°~70°,梢角30°~40°。每主枝上留2~3个侧枝,侧枝间距50 cm左右,主侧枝上均可着生结果枝组。树体高度5 m以内(如图6-9所示)。

开心形的树形特点是树干低矮,无中心干,主枝少,通风透光条件好,结果面积大,结果枝组牢固,果实品质好,适合于贫瘠的丘陵山地、水肥条件较差的地区的鲜食杏树形。不足之处是主枝少,易下垂,树下管理不方便,树体容易衰老,寿命较短。

2. 整形过程(如图6-10所示)

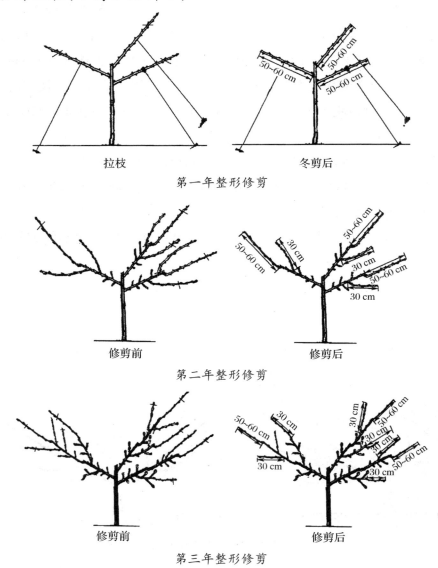

图6-10 开心形树体整形过程

定植季当在60～80 cm饱满芽处剪截定干。

第一年冬剪,在主干周围选留3～4个均匀分布枝条作主枝,各主枝要在饱满芽处短截,一般剪留50～60 cm长,剪口外侧留芽。

第二年冬剪,继续对主枝延长枝于饱满芽处进行短截,剪留长度为50～60 cm,剪口留外芽。同时,为主枝选留侧枝,第一侧枝距主干50～60 cm,剪留长度为30～50 cm。相邻两侧枝间的距离40～50 cm,侧枝剪留长度约40 cm。

第三年冬剪,对主枝延长枝和第一侧枝于饱满芽处短截,剪留50～60 cm。按上一年的修剪方法继续选留培养各主枝的侧枝。同时,在整形的过程中还要注意为主、侧枝培养结果枝组。

同时,每年根据树体生长情况,采用拉枝、摘心等夏季修剪方法来调控树体生长势和培养主、侧枝。主枝开张基角为50°～60°,主枝腰角开张为60°～70°。

技能训练

实训6-2　杏树树形观察和整形

一、目的与要求

认识果树常见树形和主要树形的树冠结构。

二、材料与用具

材料:各种树形的果树植株。

用具:钢卷尺、记录本、修剪工具。

三、实训内容

1. 主要树形观察。

(1)疏散分层形。观察主枝数目与排列、各层主枝数、层间距、各层主枝角度、各层主枝上的侧枝数和排列位置、侧枝与主枝的角度关系。

(2)自然圆头形。观察层间距、层内距、主枝角度、侧枝角度、各层主枝上的侧枝数和排列位置、侧枝与主枝的角度关系。

(3)开心形。观察主枝数和角度、每主枝的侧枝数和排列位置、侧枝的生长方向和角度。

2.树形整形技能训练。

(1)幼树整形技术练习。选择当地杏园的主流树形,按树龄由小到大的顺序,分别进行定干、定植当年及以后各年的修剪,形成相对连续的整形过程。

(2)结果枝组的培养与修剪。掌握结果枝组的配置、培养与更新。

四、实训提示和方法

1.本实训可配合修剪理论的讲授进行,利于果树树形观察。掌握所观察的各种树形的主干有无、高低,中心干有无,主枝数及排列位置,侧枝数及排列位置。

2.通过对杏疏散分层形和自然开心形的观察,除掌握其树冠结构外,还需弄清层间距、层内距、主枝角度、侧枝角度的含义和度量方法。

3.实训可分组进行观察。

任务实施与评价

表6-3 杏树树形观察和整形考核评价表

考核项目	考核要点	等级分值				考核说明
		A	B	C	D	
态度	态度认真仔细,能按要求观察内容,能按时完成观察记录任务	20	16	12	8	①考核方法:采取现场单独考核和提问 ②实训态度:根据学生现场实际表现确定等级
技能操作	能正确描述杏树形类型及特征;利用不同树龄的杏树,按由小到大的顺序,分别进行定干、定植当年及以后各年的修剪,形成相对连续的整形过程	60	48	36	24	
理论知识	教师根据学生现场答题程度给予相应的分数。在整个技能训练过程中开动脑筋,积极思考,正确回答问题	20	16	12	8	

任务6.3 杏树不同树龄时期和各类树形修剪要点

知识目标

了解杏树不同树龄时期的生长特点和修剪目的。

能力目标

掌握不同树龄时期的杏树和杏树各类树形整形修剪过程。

基础知识

一、不同树龄杏树修剪

按照树龄不同,可将杏树分为幼龄树、初结果树、盛果期树和衰老期树4类。

1. 幼龄树的修剪(自然开心形)

(1)生长特点。

树的幼龄期指从定植到大量结果之前的时期,一般为3~5年。该时期树体生长势极强,极易生成几个长枝,并常在主枝的背上或主枝拐弯处萌发直立向上的竞争枝。

(2)修剪目的。

幼龄树修剪目的以轻剪缓放、开张主枝角度为主,主要是利用幼树生长特点,尽快扩大树冠,培养合理的树体结构,尽快形成大量的结果枝,为进入盛果期获得早期丰产做好准备。

(3)修剪技术。

幼树的修剪重点应放在整形上。要根据设定的杏树形配置主、侧枝,保持主、侧枝具有较强的生长势,同时控制其他枝条的生长。

①第一年。

苗木定植后,预留一定高度进行定干,通常40~50 cm(如图6-11所示)。如果整形带内有健壮副梢,部位合适、芽子饱满,可在饱满芽上剪截,作为主枝的基枝;如副梢弱且位置较高、芽子干瘪,则不宜作主枝的基枝,应予以剪除。剪除副梢时,定干高度应适当提高或降低,剪口下务必留有饱满芽,确保抽生分枝,以作主枝用。

夏剪:主要在萌芽期抹除整形带以下的芽,保证整形带内新梢的健壮生长。整形带内选留3个健壮、分布均匀的枝条作为主枝,过多的枝梢可予以疏除。

冬剪:以轻剪缓放、开张主枝角度为主。

开张主枝角度,宜采取撑、拉、吊的方法(如图6-12所示),开张角度为65°～80°。或结合外芽轻剪技术,使其开张生长,弯曲延伸。

延长枝的修剪,宜对主枝延长枝作适当的短截,通常要剪去枝条先端部分1/4～1/3。

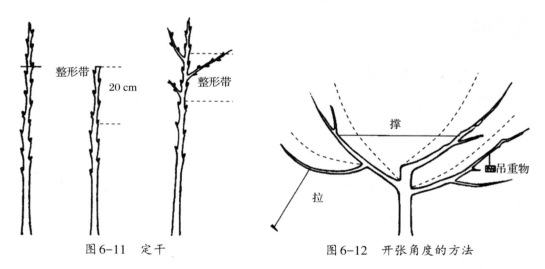

图6-11 定干　　　　　图6-12 开张角度的方法

②第二年。

夏剪:在各主枝上选留第一侧枝,疏除过密枝、徒长枝和竞争枝,保留的枝条采取摘心或拉枝措施,可以缓和生长势,促使形成结果枝。对于竞争枝与外围旺枝,可以疏除或多次摘心或者拉枝。

冬剪:对主枝延长枝进行适当短截,促使其发生侧枝和继续延伸,不断扩大树冠。修剪量要依据品种、分枝力强弱、枝条长短和生长势来确定,一般要强枝轻剪、弱枝重剪,以剪去整枝1/3～2/5为宜。每个主枝上选留2～3个侧枝。第一侧枝距离主干约30 cm。三大主枝的第一侧枝不分左右,视空间选留,最好在各主枝的同方向以背斜侧为宜。第二侧枝与第一侧枝方向相反,间距为30～40 cm。各侧枝与主枝的夹角通常为45°～50°。

结果枝的修剪：幼树上的结果枝，一般应保留。长果枝可进行短截，促进分枝，培养结果枝组。中、短果枝上主要结果部位，可隔年短截，不致使结果部位外移。花束状果枝不要对其进行修剪。

非骨干枝的修剪：主、侧枝上生长的短小枝要全部保留，以培养成短果枝和花束状果枝。中、长枝要进行适当短截，促使分枝，形成结果枝。生长旺盛的枝将其疏除，或进行拉枝处理以缓和生长势，促使形成结果枝。

辅养枝的修剪：辅养枝以利用骨干枝两侧的平斜中庸枝为主，也可以通过拿枝下垂的方法，选择利用部分骨干枝两侧的上斜枝。

③第三年。

第三年采取第二年的冬季修剪方法，继续处理主、侧枝的延长枝，并在各主枝上选留第三个侧枝，方向与第二侧枝相反，间距为30～40 cm。注意主、侧枝从属关系：主枝从属于中心干，侧枝服从于主枝（如图6-13所示）。结合夏剪，及时除去过多直立枝、竞争枝。

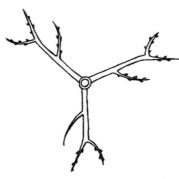

图6-13　主、侧枝的配置

经过3～4年的培养，树形可形成（如图6-14所示）。幼年树的修剪，虽以整形为主，但应考虑实现早期丰产的栽培目的，既要培养良好树形和树体结构，还要在局部留下足够的枝条。因此，幼树期修剪宜轻不宜重，不能过分追求骨干枝位置而过多疏除多余枝条，影响早期丰产。可通过夏剪时拉枝、抹芽的措施以防止冬剪时过多疏除。

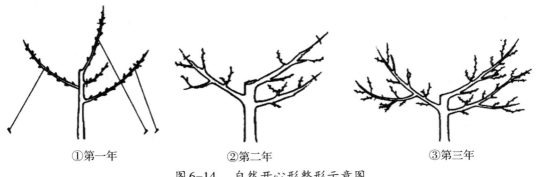

图6-14　自然开心形整形示意图

2. 初结果树的修剪

(1)生长特点。

定植后通过整形修剪的幼树,生长势仍然很旺盛,枝条不规则生长仍很明显,营养生长仍大于生殖生长。

(2)修剪目的。

修剪的目的是保持必要树形。通过对延长枝的短截,继续扩大树冠。运用综合修剪措施,多培养结果枝组。

(3)修剪技术。

①剪截延长枝。对各级主枝、侧枝的延长枝进行短截,剪口下留饱满的外芽,使其保持领头呈波浪状向外生长(如图6-15所示)。对生长过弱的初结果树,可采用适当中短截延长枝,即剪去枝条的1/2,抬高枝头,使其转强(如图6-16所示)。对生长旺盛的初结果树,剪口下留外向芽,开张角度(如图6-17所示)。

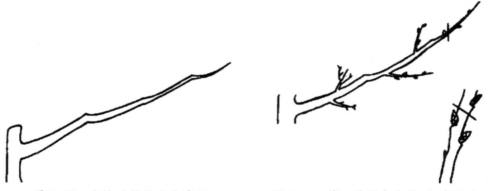

图6-15　主枝延长枝呈波浪状　　图6-16　剪口芽留内向芽,抬高枝头

②平衡树势,明确主从。控制树体的长势,保持主枝、侧枝间生长的平衡,可使主、侧枝具有明确的主从关系。对生长势过强的可采用拉枝方法缓和生长势。控制骨干枝上的竞争枝,对旺长枝、密生枝及交叉枝进行疏除(如图6-18所示)。留中庸枝,促发短果枝和花束状果枝。

图6-17 剪口芽留外向芽,开张角度

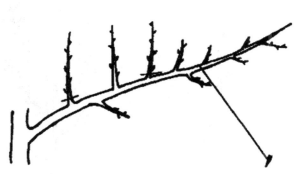
图6-18 疏除过密枝

③结果枝组的培养。短截非骨干枝和中部的徒长枝,促使分枝,形成结果枝组。对于内膛上生长健壮、方位合适的徒长枝,则通过拉枝、扭梢和重短截等方法,控制生长势,填补膛内空间,并将其培养成结果枝组。对于强旺生长枝或长果枝,重截后极易抽生徒长枝(如图6-19所示),而徒长枝次年不易形成短果枝和花束状果枝。若长放或轻短截则次年先端抽生1~2根长枝,其下抽生中枝,中部以下多短果枝和花束状果枝(如图6-20所示)。由此,易造成枝多花密,开花虽多,但坐果率低的现象,进而影响产量。因此,对于强壮的生长枝或长果枝,可采用摘心处理,即将强旺枝留50 cm摘心,冬季修剪时再将强枝进行短截,有利于结果枝组的形成(如图6-21所示)。

图6-19 旺枝重截易抽生徒长枝

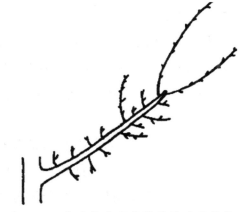
图6-20 长果枝或发育枝长放后发枝状

图6-21 摘心培养结果枝组

3.盛果期树的修剪

(1)生长特点。

此时树形已经形成,主枝开张,树势缓和,中、长果枝比例减小,短果枝和花束状果枝比例增大。

在盛果前期,树体结果量增大,枝条生长逐渐减少,生殖生长大于营养生长。到中、后期,结果部位逐渐外移,树冠下部枝条开始光秃,果实产量开始下降,易形成周期性结果或大小年结果现象。

(2)修剪目的。

盛果期树修剪的主要目的是提高营养水平,保持树势健壮,调整生长与结果的关系,精细修剪结果枝组,防止大小年结果现象的发生,延长盛果期的年限。修剪的主要内容为延长枝的短截、各类果枝的短截和疏枝及结果枝组的更新。

(3)修剪技术。

①主、侧枝的修剪。对主、侧枝的延长枝进行适当的短截以促发新枝,补偿内部结果枝因枯死而减少的结果面积。一般树冠外围的延长枝以剪去1/3~1/2为宜。翌年先端可抽生2~3个新枝,选取开张角度适宜的枝条作为延长枝,下面再选留一个枝条作为侧枝(如图6-22所示)。对主枝下垂或枝头交接,造成全园郁闭的,要适当回缩主侧枝,或转换枝头以中部的中型枝组代替原头,控制树体大小,维持生长势(如图6-23所示)。

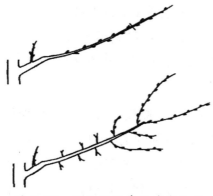
图 6-22 延长枝短截及其发枝状

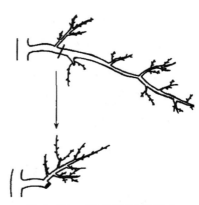
图 6-23 下垂枝回缩抬头

修剪前

修剪后

A. 背上枝换头，抬高角度

修剪前

修剪后

B. 背后枝换头，开张角度

修剪前

修剪后

C. 背上枝组换头，抬高角度

图 6-24 盛果期主枝修剪

如主枝开张角度过大,生长势渐衰弱,可在主枝选1个背上枝代替原头,以抬高角度,增强树势;如主枝延长枝角度过小,且生长旺盛,可利用主枝延长枝以下适宜的发育枝代替原头;如主枝延长枝已成结果枝,且角度大,生长势弱,则可选背上邻近枝组代替原头,将原头剪除(如图6-24所示)。

②结果枝组的更新。盛果期,大枝组相当于一个侧枝,不能过多,除作枝条或填补较大空间外,一般不宜多留,可压缩成中型枝组;强旺的小型结果枝组,可去强留弱(如图6-25所示),剪去先端强枝,对下部长果枝留7～8个花芽,中果枝留4～6个花芽短截,短果枝则不剪,过密时疏除。过弱的小型枝组,可回缩至花束状果枝处更新复壮(如图6-26所示);着生花束状果枝的单轴枝组分枝少,花束状果枝易枯萎早衰,要回缩以更新;对衰弱的水平或下垂单轴枝组要逐步疏除;对于多年生枝组要进行回缩,回缩的部位视要求而定:如需增强顶端优势,可用叶丛枝或花束状果枝作剪口枝;如需缓和顶端优势增强中下部的生长势,则剪口在中、短果枝处。

图6-25 枝组去强留弱

图6-26 枝组回缩

枝组随着年龄的增大而变大,枝组间密度增加,修剪时对过密的枝组进行疏剪(如图6-27所示)。对生长势过强的枝组,可剪去强枝,用生长势中庸的枝作头,以抑制生长。角度过大、生长势衰弱的枝组,应更新复壮,对原头进行回缩修剪,刺激下部萌发新枝(如图

图6-27 疏除过密枝组

6-28所示)。

③结果枝的修剪。进入盛果期后,短果枝和花束状果枝的比例逐年增加,因此成花容易,结果不成问题。其修剪主要是调整结果与生长的关系。

对不能结果或生长不良的弱枝进行疏剪。对生长势弱无结果能力的多年生枝则进行回缩修剪。

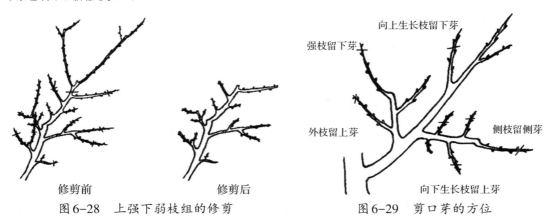

图6-28 上强下弱枝组的修剪　　图6-29 剪口芽的方位

通过剪口下芽的位置确定来年新梢的角度和方向(如图6-29所示),并用于调节枝条的强弱,一般弱枝留上芽,中庸枝留侧芽,向下生长的果枝留上芽,向上生长的果枝留下芽,侧生果枝留侧芽,以此平衡新梢的生长势。

结果枝逐年结果后出现下垂,枝条衰弱,可进行回缩修剪,剪去先端下垂衰弱部分,剪口下留上芽以抬高枝梢。对多年生冗长和衰弱的枝条,亦可进行回缩,选择壮枝、壮芽带头,增强树势。

④营养枝的修剪。为维持枝组中下部的结实力,发育枝以缓放一两年后及时回缩为宜。回缩后先端发新梢,可选留一个中庸枝作延长枝,将其余的疏除。如空间较大需要培养大中型枝组时,则将发育枝短截,促发新枝后再行缓放;一年生枝可适度短截,次年先端抽生长枝,中下部则易形成短果枝和花束状果枝,徒长枝如果不能利用则及早疏除,有利用价值的可改造培养成结果枝组。如采用拉枝,或采用摘心的方法,如未能及时摘心,可在冬剪时进行重短截,剪口下留1~2个芽,翌年抽生徒长枝再进行摘心。其余过密枝、病虫枝及细弱枝一律疏除。

⑤夏季修剪。调节主、侧枝的生长势,控制旺长,防止上强下弱。对生长势较强的主、侧枝,可以留副梢以扩大主、侧枝角度,减缓其强旺生长势。对生长势较强的

枝条进行摘心或缩剪处理,促使形成结果枝组。及时抹除树冠内膛的新梢,疏除过密枝,减少无效枝的生长,避免营养的消耗。

对一年生强旺生长枝或长果枝,可采取摘心措施,将枝条留 50 cm 左右摘心,以缓和生长势,促使其分枝。长出的新梢过密,则予以疏除,减少养分消耗,并使树体通风透光。长势强旺的枝条可进行多次摘心处理,促使形成短果枝和花束状果枝,培养结果枝组。

4. 衰老期树的修剪

(1) 生长特点。

此期的树势衰弱,树冠外围的枝条年生长量显著减小,产量下降,隔年结果严重。结果部位外移,呈现"蓬伞"状。树冠内部萌生较多徒长枝,不完全花增多,落花落果严重。

(2) 修剪目的。

修剪的主要目的是更新复壮、延缓衰老。修剪内容是骨干枝的重回缩和利用徒长枝培养结果枝组。

(3) 修剪技术。

更新修剪需要对大枝进行回缩,但易造成较大伤口,因此,宜在早春发芽时进行,以利于伤口愈合和隐芽的萌发。

①更新复壮骨干枝。按照原树体骨干枝的主从关系,先主枝、后侧枝依次进行长度较重的回缩。主、侧枝的回缩长度掌握"粗枝长留,细枝短留"的原则,一般去掉原枝的 1/3~1/2。在锯口下选择角度较小、生长旺盛的枝条作主枝、侧枝的延长枝。大枝的锯口要用利刀削平,伤口要涂抹油漆等保护剂。

大枝回缩后,更新枝可由锯口下隐芽或枝条上发出。对于更新枝,应及时选留方向好的作为新的骨干枝,其余摘心处理促发二次枝,形成果枝。另外,可选择利用方位合适的徒长枝,对其进行摘心,冬季选择生长势较强的枝条作为骨干枝培养(如图 6-30 所示)。

背上生长势旺盛的更新枝,可进行较重的摘心(留 20 cm 左右),发二次枝后,选择 1~2 个方向好的强壮枝在 30 cm 处第二次摘心,当年可形成枝组并形成花芽。

②结果枝组的更新与培养。对杏树的各类枝组进行回缩修剪,选择长势强旺的

枝或芽带头。对于树冠上部的枝组进行重截,回缩到2~3年生枝组(如图6-31所示)。对于树冠中下部的大枝组,回缩到2~3年生的背上角度大的分枝处,以背上小枝代替原骨干枝头(如图6-32所示)。促发的新枝或徒长枝,进行摘心处理,待枝梢长至40~45 cm时进行第二次摘心,以形成分枝,增加枝量。其余的大枝组,亦可采用相同方法,即进行回缩更新、新梢摘心处理,促使形成短果枝和花束状果枝。

图6-30 利用徒长枝培养骨干枝

图6-31 回缩更新

图6-32 背上枝代替原头

结果枝组的培养可利用衰老树内的徒长枝,通过连续摘心或缩剪,培养成结果枝组,填补空间,增加结果部位(如图6-33所示)。也可采取拉、压等方法,改变枝条的角度和方向,减缓枝条的生长势。

③肥水管理。对衰老树进行更新修剪,应当配合施肥、浇水等管理,才能收到好的效果。所以,更新前的秋末,对衰老树施以适量的基肥,并浇足冻水。更新修剪后,应结合浇水,追施速效性肥料。根据树体的大小,每株施速效氮肥0.5~1.0 kg。另外,必须加强对衰弱树病虫害的防治工作。

图 6-33　连续摘心培养结果枝组

二、杏树各类树形的修剪

1. 放任树的修剪

（1）生长特点。

杏树极性生长强，如对其不整形、不修剪，任其自然生长，则会树形紊乱，大枝多而拥挤，主从不明，层次不清，小枝枯死，内膛空虚，基部光秃，外围枝条密闭，结果部位严重外移，产量低而不稳，大小年结果现象严重。

（2）修剪技术。

此类树应从大枝着手，根据树的现状，坚持"因树修剪，随枝作形"。

①调整主、侧枝，确定树形。调整主、侧枝的主从关系，通过合理分布骨干枝，确定杏树的树形。

有中心主干：树体较小，具有足够的发展空间，树龄较小，树势较强，则可保留中心主干，将其培养成疏散分层形（如图6-34所示）；也可将中心主干回缩，去除上层，保修两层，而改造成延迟开心形（如图6-35所示）；如果有中心主干，但树势较弱，骨干枝不强，则将其培养成细长纺锤形（如图6-36所示）。

无明显中心主干：逐年去除中心主干，保留2~3个主枝，并在主枝上适当配置侧枝，从而形成自然开心形或杯状形（如图6-37所示）。

图 6-34 疏散分层形

图 6-35 延迟开心形

图 6-36 细长纺锤形

图 6-37 开心形

②结果枝组的更新。树冠上部的骨干枝,选取在中、下部 2~3 年生枝组或叶丛枝处进行重短截;对树冠中下部大枝组,选取背上角度大的小枝代替原头进行回缩,促使萌发强壮新枝或徒长枝。夏剪可利用摘心措施促使萌发分枝。

③结果枝组的培养。逐年去掉过密、交叉、重叠的大枝,加大层间距,保持通风透光,诱使内膛发枝,培养结果枝组。对内膛发出的徒长枝和新梢则尽量保留,加以利用,培养成结果枝组,以充实内膛。采取拉枝措施改变枝条方向角度,可减缓生长势,利于果枝形成,结果后再回缩,利于将徒长枝或强旺枝培养成结果枝组。

放任树不宜修剪太重,疏除大枝时,要逐年、逐次地进行,避免造成伤口过多,引起杏树流胶,影响树势。

2. 旺长树的修剪

(1) 生长特点。

旺长的杏树营养生长旺盛,树体营养积累少,不利于花芽分化,因而,花量少,结果少,甚至不能结果。修剪要防止刺激枝梢旺长,少修剪,少短截。

(2) 修剪技术。

①控制树势,明确主从。对于树势强旺的杏树,应控制树体的长势,开张骨干枝角度,保持主、侧枝间的生长平衡。对于生长势过强、开张角度小的主枝,可利用背上枝换头。对长势过旺的强枝,可从基部剪除,但要少短截,多疏剪,以免抽生更强枝。另外,采用拉枝方法减弱强枝的生长势,并疏除背上旺长枝,留中庸偏弱枝,利于结果枝组的形成。

对于生长过旺的营养枝,也可采用弱枝带头进行短截,即剪口留弱小的枝条,以缓和生长势,利于形成短果枝和花束状果枝。

②轻剪延长枝。对主枝、侧枝延长枝均作适当短截,剪去枝条先端衰弱部分的 1/3～2/5,剪口留外向芽,开张角度,以缓和生长势,控冠促花。

③利用一年生枝培养结果枝组。对于过密的一年生枝应予以疏除,注意去强留弱,去直留斜。对保留的枝条及时进行摘心处理,促进分枝,形成副梢,有利于短果枝和花束状果枝的形成。等结果后再进行回缩。依此方法,可将一年生枝培养成结果枝组。

技能训练

实训6-3　不同年龄时期杏树修剪

一、目的与要求

认识初果树、盛果树和衰老树的主要整形过程。

二、材料与用具

材料:各种树形的果树植株。

用具:钢卷尺、记录本、修剪工具等。

三、实训内容

1. 幼果树。观察主枝数目与排列,各层主枝数,层间距,各层主枝角度,各层主枝上的侧枝数和排列位置,侧枝与主枝的角度关系。

2. 盛果树。观察层间距、层内距、主枝角度、侧枝角度,各层主枝上的侧枝数和排列位置,侧枝与主枝的角度关系。

3. 衰老树。观察主枝数和角度,每个主枝的侧枝数和排列位置,侧枝的生长方向和角度。

四、实训提示和方法

1. 本实训可配合修剪理论的讲授进行,利于果树树形观察。掌握所观察的各种树龄的主干有无、高低,中心干有无,主枝数及排列位置,侧枝数及排列位置。

2. 通过对杏幼果树、盛果树和衰老树的观察,除掌握其树冠结构外,还需弄清这三种树形的修剪特点。

3. 实训可分组进行观察。

任务考核与评价

表6-4 不同年龄时期杏树修剪考核评价表

考核项目	考核要点	等级分值				考核说明
		A	B	C	D	
态度	严格按照实训要求操作,团结协作,有责任心,注意安全	20	16	12	8	①考核方法:采取现场单独考核和提问方式 ②实训态度:根据学生现场实际表现确定等级
技能操作	①能够较熟练地修剪幼龄期杏树 ②能够较熟练地修剪初果期杏树 ③能够较熟练地修剪盛果期杏树 ④能够较熟练地修剪衰老期杏树	60	48	36	24	
理论知识	教师根据学生现场答题情况给予相应的分数	20	16	12	8	

项目 7 杏树主要病虫害及灾害的防控技术

项目目标

知识目标

1. 能够识别虫害的种类,并制订合理有效的防治方案。
2. 能够判断病害的种类,并制订合理有效的防治方案。
3. 能够判断其他灾害种类,并能够使用合理有效的防控技术。

技能目标

1. 掌握杏树常见虫害的发生规律和防治措施。
2. 掌握杏树常见病害的发生规律和防治措施。
3. 掌握其他自然灾害的发生和防控技术。

素质目标

培养科学严谨的工作态度和吃苦耐劳的工作精神。

项目 7　杏树主要病虫害及灾害的防控技术

任务 7.1　虫害的识别与防治技术

知识目标

调查当地杏树常见虫害杏仁蜂、介壳虫类、蚜虫、梨小食心虫、小蠹虫类、天幕毛虫等的发生和为害情况,结合资料,制订合理有效的防治方案。

能力目标

掌握杏树常见虫害的发生规律和防治措施。

基础知识

一、杏仁蜂

1. 为害状识别

杏仁蜂属膜翅目,广肩小蜂科。又叫杏仁蛆。杏仁蜂以幼虫为害杏果,致果沟缝合线处呈黑褐色,严重时把杏仁吃光,造成大量落果,果实干缩后挂在树上,严重影响鲜杏及杏仁产量与品质。(如彩图 32 所示)

2. 形态识别(如图 7-1 所示)

卵:长约 1 mm,长圆形,上尖下圆,白色至乳黄色。

1. 幼虫　　　2. 蛹　　　3. 成虫　　　4. 杏仁被害状

图 7-1　杏仁蜂

幼虫:体长 6~12 mm,乳白色,纺锤形,略向腹部弯曲,中部肥大,两头略尖,头部有一对黄褐色发达的上颚。无足型。

蛹:长 5.5~7 mm,裸蛹,奶油色至橘红色(雌蛹)或黑褐色(雄蛹)(如彩图 33 所示)。

成虫：体长约6 mm，头大，黑色，复眼红色。触角9节，1~2节橙黄色，3~9节黑色，雄蜂触角3~9节上有长环毛，头部及胸部具网状刻纹（如彩图34所示）。胸足基节黑色，其余橙色。雌蜂腹部橘红色，有光泽，产卵管深褐色。雄蜂腹部黑色，腹部第1节细长，呈细腰状。

3. 发生规律

杏仁蜂在新疆的南疆地区一年发生一代，以幼虫在果园落地杏内、遗弃的杏核中及树上干杏中越夏、越冬。翌年3月中旬至4月中旬，越冬幼虫化蛹，蛹期10天至1个月。杏花谢落时开始羽化（最早4月上旬），成虫羽化时，用上颚将杏核咬穿，从直径为1.6~1.8 mm的小孔中钻出。杏果呈拇指大时，成虫大量出现，白天交尾产卵。成虫选择嫩杏把卵产入其中，多数是1杏产1粒卵，一雌蜂产卵120粒左右。卵期30多天，5月中旬孵化，初孵幼虫在杏核内取食，脱皮数次，6月老熟，留在杏核内越夏、越冬，幼虫期长达10个月。

4. 防治方法

（1）加强检疫，严格控制疫区虫害通过杏实杏仁进行传播。

（2）果采收后至次年成虫羽化前，彻底清除落果及杏核，清除树上的干果，集中深埋或烧毁。

（3）有虫杏核比未被害杏核轻得多，在杏仁加工之前，用水选法淘汰有虫杏核并予以销毁。

（4）地膜覆盖。于成虫出土期，用地膜覆盖树盘，在落花后到杏果豌豆大小之前，进行覆盖，以阻止成虫出土产卵。也可在地膜覆盖之前，先在树盘内撒入毒土，防治效果更好。

（5）在加强调查、准确测报的基础上，实施化学防治，适时喷药是化学防治的关键。在虫口密度大的果园，杏树落花后即成虫羽化期，喷洒50%辛硫磷乳油或25%杀虫畏乳油1000倍液，20%速灭杀丁乳油1500倍，5%来福灵乳油1000倍来防治成虫。

二、介壳虫类

介壳虫雌成虫、若虫用刺吸式口器大量吸取植物汁液，消耗树体营养，并破坏植物组织，使组织褪色、死亡。当介壳虫大量发生时，其介壳或所分泌的蜡质等物质覆盖在枝干表面，严重影响植物的呼吸作用，造成枯枝或死树。

新疆为害杏树的介壳虫主要有4种,分别是杏球坚蚧、桑白盾蚧、糖槭蚧、吐伦球坚蚧。

1. 杏球坚蚧

(1)为害状识别。

杏球坚蚧又叫朝鲜球坚蚧、桃球坚蚧。该虫在各地均有发生。为害杏、桃和李等树种。该虫主要以成群的成虫和若虫黏附在枝条上吸食树体汁液(如彩图35所示)。被害杏树树势衰弱,生长缓慢,叶小芽瘦,产量下降,严重时造成枝干枯死。

(2)形态识别(如图7-2所示)。

卵:椭圆形,长3 mm,宽0.2 mm,初期白色后渐变粉红色(如彩图36所示)。

若虫:初孵若虫长椭圆形,长0.5 mm,淡褐至粉红色,被白粉。若虫固着后分泌出弯曲的白蜡丝覆盖于体背,不易见到虫体(如彩图37所示)。

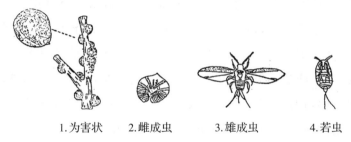

1. 为害状　2. 雌成虫　3. 雄成虫　4. 若虫

图7-2　杏球坚蚧

成虫:雌成虫近球形,长4.5 mm,宽3.8 mm,高3.5 mm,初期壳软,为黄褐色,后期变为硬壳,壳红紫褐色,表面有薄蜡粉。雄成虫体长1.52 mm,翅展5.5 mm,头胸赤褐,腹部呈淡黄褐色。

(3)发生规律。

在新疆库尔勒,一年发生一代,以若虫在被害枝条上越冬。第二年春四月中旬若虫开始活动,刺吸枝条汁液并分泌蜜状黏液,虫体膨大,分散开并固定一处吸食,体背分泌蜡质,雌、雄虫体开始分化,雌虫体迅速膨大,雄虫体外分泌蜡质层并在其中化蛹。4月下旬至5月上旬,雄虫羽化,可与数头雌虫交尾,交尾后不久即死去。发育较为后的雌虫迅速膨大,5月上旬产卵于介壳下,卵约1000粒左右。卵期25～28天。若虫初孵后从母体臀部裂处钻出,到处爬行,分散到枝条、叶背上。至秋末,若虫集中在枝条阴面和裂隙中越冬。

2. 桑白盾蚧

(1)为害状识别。

桑白盾蚧别名桑白蚧、桑介壳虫。该虫在各地均有发生。在新疆的南疆地区主要为害桑、无花果、核桃、苹果、李、梨、杏、桃、樱桃、葡萄及巴旦木等果树。该虫以若虫和雌虫、虫群集体固着在3～4年生果树的主干、嫩枝、叶片上刺吸汁液,偶有为害果实者。2～3年生枝受害最重,发生严重时,整个枝条被虫体覆盖,并重叠成层,远看很像涂了一层白蜡。严重的造成树势减弱,产量下降,更严重者枯死。

(2)形态识别。

桑白盾蚧属同翅目,盾蚧科。

雌介壳呈圆形,直径2.0～2.5 mm,乳白色或灰白色,中央略隆起,雌性介壳由第1龄和第2龄若虫的两层蜕皮和一层丝质分泌物重叠而成,表面有螺旋纹。若虫蜕皮壳点有两个:第一壳点淡黄色,有的介壳边缘突出;第二壳点红褐色或橘黄色。雌成虫淡黄或橘红色,宽卵圆形,扁平,臀板红褐色(如彩图38所示)。雄介壳长1.0 mm左右,白色,长筒形,两侧平行,质地为丝蜡质或绒蜡质。雄虫体长0.7 mm,橙色至橙红色,触角丝状,一般成虫有翅;腹丰无蜡质丝,交配器狭长(如彩图39所示)。

卵:卵为椭圆形,初呈淡粉色,渐变淡黄褐色,长径0.3 mm,孵化前为杏黄色。

若虫:初卵若虫淡黄褐色,头、触角和足明显;扁卵圆形,雄虫与雌虫相似,最后若虫被蜕皮和分泌物组成的白色或灰白色盾状介壳。

(3)发生规律。

桑白盾蚧一年发生两代,以第二代受精的雌成虫在枝条上越冬。翌年春季,当寄主树木萌动之后越冬代雌成虫开始活动取食,虫体迅速膨大,在4月下旬产卵,产卵量较高。卵期9～15天。5月中旬孵化为第一代若虫,初孵若虫从母壳下爬出1天后就分散固定在2～5年生的枝条上为害,以分杈和阴面较多,5～7天后分泌绵毛状白色蜡粉覆盖于体上。若虫经2次蜕皮后形成介壳,为害严重时,介壳遍布枝条,重叠连成一片,似一层棉絮。第一代若虫期30～40天,7月上旬成虫产卵,卵期10天左右,单雌产卵150多粒。8月初第二代卵孵化。雄虫群聚排列整齐,集中数目比雌虫多,呈白色有光泽的虫块。9月中旬雌雄交尾后死亡。雌虫密集、重叠3～4层,受精的雌成虫在介壳下越冬。

3. 糖槭蚧

（1）为害状识别。

糖槭蚧别名扁平球坚蚧、水木坚蚧。在新疆的南疆地区均有发生，主要寄主为巴旦木、杏、核桃、李、酸梅等核果类果树，以及梨、葡萄、苹果等浆果类果树。寄主较广泛，成虫主要为害枝条，刺吸果树养分造成树势衰弱，营养失衡，从而影响果实生长发育，严重时可造成减产，枝条常被流满蜜汁，对坐果影响很大，可致绝产，有时甚至污染果实。

（2）形态识别。

糖槭蚧属同翅目，蚧总科蚧科。

卵：长椭圆形，长为0.2～0.25 mm。初产为乳白色，初孵化前变为黄褐色，卵粒上有少量蜡质白粉，位于雌成虫腹部下（如彩图40所示）。

若虫：1～2龄若虫体长0.4～1.0 mm，体扁平，长形或椭圆形，黄白色或黄褐色，头、触角和足明显，胸足3对，腹末生有2根白色细长的蜡丝。

成虫：雌虫体长4.0～6.5 mm，宽3.0～5.5 mm，椭圆形，黄褐色和红褐色（如彩图41所示）。体背面稍向上隆起，怀卵前期虫体稍软，微有弹性，腹面可见萎缩的胸足和触角；怀卵期足和触角逐渐退化成白色丝线状，体缘分泌少量白色蜡层，腹部末端有臀裂缝。雄虫体长1.2～1.5 mm，翅展3.0～3.5 mm，触角线状，1对翅，3对足，腹末有1对白色蜡线。

（3）发生规律。

糖槭蚧在新疆一年多数发生2代，2～3龄若虫固定在嫩枝条上或不固定而隐藏于树皮裂缝处越冬，但以固定若虫占大多数。翌年4月上中旬，固定的越冬若虫开始为害吸食；头年不固定的2龄若虫，在3月下旬或4月上旬，当平均气温为10℃以上时，或中午气温较高时，就在嫩枝上爬行寻找适宜部位固定为害；越冬代雌成虫羽化后，5月中下旬开始产卵，5月底6月初第一代卵开始孵化，6月中旬为孵化盛期，这时是当年喷药防治的有利时期。若虫于8月上旬由叶片转移到嫩枝上固定为害并羽化，8月下旬产卵，9月上中旬为第二代若虫孵化期，10月上中旬若虫开始转移到嫩枝条或树皮裂缝内越冬。

糖槭蚧虽然有雄成虫出现，但寿命短，平均18.4小时，绝大多数未行交尾就死亡，故本蚧以孤雌生殖为主。雌虫产卵于蚧体下，一雌虫可产卵800～2000粒，卵壳

覆盖白色蜡粉,使卵粒粘结成块。卵约12~18天孵化成若虫,密集在母体躯壳下,经2~3天后才陆续从母壳臀裂缝爬出至叶背面或嫩枝条上吸食,若虫在叶片上为害7~10天之后,开始脱皮进入2龄,2龄若虫生活期长达60天以上。3龄若虫经短期活动后,绝大多数在嫩枝条上固定生活。

4. 吐伦球坚蚧

(1)为害状识别。

吐伦球坚蚧为害杏、巴旦木、李、桃、梨、苹果等果树的枝梢、叶及果实,刺吸果树的营养,造成果树营养失衡、树势衰弱、枝枯、梢枯、品质下降、减产、绝产(如彩图42所示)。其在杏、巴旦木、桃、梨、苹果上发生比较重,是南疆目前为害最严重的果树害虫,各地州有分布。

(2)形态识别。

吐伦球坚蚧属于同翅目,蚧总科蚧科。

卵椭圆形,长0.3 mm,初砖红色,后呈深色。

若虫椭圆形,红褐色。触角、胸足俱全,口针细长,卷曲于腹下。背面色深,腹面色浅,尾端臀叶两片,各着生尾片1根(如彩图43所示)。

雌成虫雌介壳2~4 mm,初呈黄褐色,后呈深褐色,有光泽,近球形,表面皱纹不显著(如彩图44所示)。

(3)发生规律。

吐伦球坚蚧一年发生一代,以若虫固着在寄主向阳面的枝条上群集越冬,越冬若虫,背部有稀疏的蜡丝覆盖。翌年3月底4月初,树体液流动时,就在原处取食为寄。4月上旬雌雄个体开始分化,雌若虫在稀疏的蜡丝下脱1次皮,很快羽化为有1对翅的雄成虫,雌虫明显膨大排出蜜露,4月中旬体背硬化,卵产于母体下,产卵盛期在4月下旬,5月下旬为卵化盛期,初孵化的若虫从母体臀裂处爬出,经1~3天分散爬行,遍及树体全部的叶背取食。秋末,若虫皆转移到向阳面的枝条上越冬。据初步观察,吐伦球坚蚧虽有雄虫,但以孤雌生殖为主。

幼虫迁移前,虫体颜色变为灰褐色,膨大,十月中开始从叶片上往枝上迁移越冬。

5.蚧类害虫的综合防治方法

(1)加强检疫。

在苗木、接穗、果品调出或调入时,必须严格检查检疫,发现为害严重的介壳虫,应及时处理,避免该虫类进一步传播蔓延。

(2)农业防治。

①结合冬季修剪,剔除虫板,集中处理,杜绝传播蔓延。在面积不大的局部发生区或介壳虫发源树,用硬毛刷蘸200倍洗衣粉液涂刷有蚧的虫枝。加强果园肥水管理,增强树势,提高杏树的抗虫能力。

②人工抹刷,消灭虫源。3月中、下旬,枝条上越冬虫体取食膨大后,用铁钩或戴胶皮手套人工破除虫体。对盾蚧类小型介虫,可于冬季休眠期涂刷10%柴油乳剂加洗衣粉少许或5°～7°Bx石硫合剂,减少越冬基数。

③休眠期防治。早春花芽萌动期或秋季杏树落叶后,枝条喷施5%的柴油乳剂或5°Bx石硫合剂。

(3)生物防治。

对效果已明确的天敌,应加以保护利用或人工饲养释放,当天敌寄生率达50%或羽化率达到60%时严禁化学防治。如李斑唇瓢虫、隐斑瓢虫、普通草蛉等天敌繁殖季节禁止喷药防治。

(4)化学防治。

①喷药:吐伦球坚蚧、糖槭蚧、桑白盾蚧的若虫大量从母体壳内爬出,分散期为5月中下旬至6月上中旬,该时期是防治的关键期。对杏树而言,5~6月份是杏子膨大、成熟期,当地老百姓有吃青杏子的嗜好。因此,该时期不宜采用化学防治,杏子收获后立即进行化学防治效果亦很好。球坚蚧可在5月下旬外壳变软流水(卵孵化)时喷洒杀虫剂;盾蚧可于雄虫羽化盛期(5月中下旬)和各代雌虫产卵分散期(6月中下旬、9月上中下旬)分别喷布1~2次药剂。可用48%乐斯本乳油1000~2000倍液,25%扑虱灵可湿性粉剂1500~2000倍液。对严重危害的果园,可用40%速扑杀乳油1500倍,安全间隔期15天,25%蚧死净乳油1000倍液或25%吡虫啉可湿性粉剂1500倍液或800~1000倍液、螨蚧净2000~3000倍液等药剂防治若虫和成虫。分2次进行喷雾防治,每次间隔10~15天。在5月中下旬检查蚧壳下卵孵化情况,孵化完毕后及时喷药,用98.8%机油乳剂100倍液,或45%马拉硫磷800倍液,40%乐斯

本乳油1500倍液,对于早熟品种最好在果实采收后进行喷药,喷洒药剂时注意保护天敌。天敌主要有黑缘红瓢虫、红点唇瓢虫、隐斑瓢虫、普猎蝽、普通草蛉等。这些天敌对于介壳虫的为害起到很大的抑制作用。

②涂干:3月初树液开始流动时,在树干基部刮1个宽20~30 cm的闭合环,老皮见白,嫩皮见绿,然后涂上10%吡虫啉乳油10倍液。

③注射:为害期用10%吡虫啉乳油10倍液打孔注入受害株基部,即在受害树树干钻深3 cm,直径0.5~0.7 mm,45°斜度的孔,按胸径10~20 cm注4 mL,21~30 cm注8 mL,31~40 cm注10 mL,50 cm以上注12 mL,注药后用黄泥封住。

三、蚜虫类

1.为害状识别

蚜虫俗称蜜虫、腻虫等。该虫在新疆的南、北疆地区均有发生,主要为害杏、桃、李和苹果等树种。以成、若虫群集在芽、叶、嫩梢上刺吸汁液,被害叶片向背面呈不规则卷缩,影响新梢生长和花芽形成,果实受害后生长受阻,果个小。其排泄的蜜露,污染叶面和果面,影响树木正常生长和果品产量。蚜虫还是植物病原、病毒的传播者。

2.形态识别

蚜虫属同翅目,蚜科。

卵:长椭圆形,长0.7 mm。初期淡绿色,后渐变黑绿色,最后呈黑色。

若蚜:似无翅胎生雌蚜,淡粉红色,体小。有翅若蚜胸部发达,具翅芽。

成虫:分为无翅蚜(如彩图45所示)和有翅蚜(如彩图46所示)。同时也有胎生和卵生之分。有翅胎生雌蚜体长1.8~2.1 mm,头、胸、腹管、尾片均黑色,腹部淡绿至褐色,变异较大;无翅胎生雌蚜体长1.4~2.6 mm,体色绿、青绿、黄绿、淡粉红和红褐色,额瘤明显,其他特征同有翅胎生雌蚜(如图7-3所示)。

表7-1 两种蚜虫的区别

	有翅蚜	无翅蚜
胎生	雌蚜头胸部为黑色,腹部呈暗绿色;翅透明,翅展6 mm,蜜管长	雌蚜长约2 mm,肥大呈绿色或红褐色
卵生	—	基本同胎生

　　1.有翅胎生雌蚜　　　　　2.无翅胎生雌蚜

图 7-3

3. 发生规律

桃蚜每年发生代数因地区而异,在新疆的北疆地区一年发生10～20代,在南疆地区一年发生25～30代。其以卵的形式在树枝的芽旁、树皮缝和小枝杈等处越冬(如彩图47所示)。翌年3月中旬(新疆南疆地区)杏树萌芽时,越冬卵孵化后,先群集在花芽上,花芽开放后又转到花、叶片和嫩梢上为害,并不断进行孤雌生殖,胎生小蚜虫。5月上旬繁殖最快,为害最盛,并产生有翅胎生雌蚜,迁飞到烟草、棉花、马铃薯、白菜、十字花科等植物上为害繁殖(如彩图48所示)。5月中旬以后杏、桃等冬寄主上基本绝迹。9～10月份产生有翅蚜,迁回到杏、桃等冬寄主为害繁殖,并产生有性蚜,交配后产卵越冬(如彩图49所示)。

4. 防治方法

(1)农业防治。

冬剪时剪除带卵枝条,刮带卵树皮,集中烧毁。

(2)生物防治。

桃蚜的天敌有瓢虫、食蚜蝇、草蛉和蜘蛛等,对蚜虫有很强的抑制作用,要尽量少喷药,以保护天敌;杏园行间或附近,不宜种植烟草和白菜等植物,以减少蚜虫的夏季繁殖场所。

(3)化学防治。

在蚜虫为害前期(杏树开花前后,最晚在卷叶前),喷布10%吡虫啉可湿性粉剂3000～5000倍液,或10%扑蚜虱3000～5000倍液,喷药要及时、细致、周到,一般喷1次药即可控制。也可用0.3%苦参碱水剂800～1000倍液,或10%烟碱乳油800～1000倍液。在药液中加入800倍的中性洗衣粉能增强防治效果。

四、梨小食心虫

梨小食心虫又名桃折梢虫、小食心虫、东方蛀果蛾、梨小。

1. 为害状识别

梨小食心虫在新疆广泛分布。幼虫在不同寄主上的不同部位为害,可归纳为两类:一是为害桃、杏、杨梅、海棠等新梢,造成折梢和枯梢;二是为害梨、苹果、桃、杏等果实,造成落果和虫果(如彩图50所示)。

2. 形态识别

梨小食心虫属鳞翅目,卷叶蛾科。

卵扁椭圆形,中央隆起,直径0.5～0.8 mm;初乳白色,后淡黄色。

幼虫体长10～13 mm,淡红色或黄色,头部褐色;臀刺4～6根;腹足趾钩单序环30～40根,臀足趾钩20～30根(如彩图51所示)。

蛹长约7 mm,黄褐色;腹部3～7节,背面具有二排横列小刺,8～10节各生一排稍大刺,腹末有8根钩状臀棘,一般在白色丝茧中化蛹(如彩图52所示)。

成虫体长5～7 mm,翅长11～14 mm,暗褐色或灰黑色;下唇须灰褐色上翘;触角丝状;前翅灰黑,前缘有10组白色短斜纹,翅面中央近外缘1/3处有一明显白点,翅面散生灰白色鳞片,近外缘约有10个小黑斑;后翅灰白色;腹部灰褐色(如彩图53所示)。

3. 发生规律

梨小食心虫在新疆南疆地区一年发生3～4代(北疆3代),世代重叠,第1、2世代尚可划分,第3、4世代则不容易划分。以老熟幼虫在寄主的翘皮、裂缝及根际等部位吐丝做茧越冬,果品贮藏场所也有幼虫越冬。翌年春季,3月底4月初为化蛹始期,4月上中旬为化蛹盛期;越冬代成虫最早于4月中旬出现,4月下旬为盛期。当年第1、2、3代的成虫羽化高峰期分别是6月中旬,7月底8月初和9月上中旬。该虫有转主为害习性,一般第1、2代主要为害桃、梨、杏的新梢,第3、4代为害桃、梨、苹果的果实。第1、2代的卵主要产于新梢端部10片叶以内的叶背上,幼虫孵出后直接蛀梢,一般于5月上旬新梢开始被害,5月下旬为被害盛期;第2代幼虫为害新梢盛期在6月底7月上旬,新梢被害情况一直可延续至7月底,一般1只幼虫可为害2～3个新梢。第3、4代卵主要产在果实周围的叶片背面,也有产在果实小萼片上的。幼虫孵化出后蛀入果心，虫粪也排在果内，一般一果只有一只幼虫。杏、桃、梨、苹果严重被害，造成大量落果和虫果。幼虫老熟后在桃树枝干翘皮裂缝等处作茧化蛹。直到10月以后，天气逐渐变冷，老熟幼虫陆续离果，爬入树干翘皮和裂缝处越冬。

梨小食心虫成虫无趋光性，但趋糖醋习性强烈。幼虫为害梨和杏果实，蛀孔小，蛀孔外无虫粪，后期蛀孔四周变黑腐烂，呈黑膏药状。在梨、杏和桃树混栽或邻栽的果园，梨小食心虫发生重，果树种类单一则发生轻。

4. 防治方法

(1) 避免与其他树种混栽。

建立新果园时，尽可能避免桃、杏、梨、樱桃、李、苹果混栽。已经混栽的果园内，应在梨小食心虫的主要寄主植物上，加强防治工作。

(2) 消灭越冬幼虫。

早春发芽前，有幼虫越冬的果树，如桃、梨、苹果树等，刮除老树皮，刮下的树皮集中烧毁。

(3) 在越冬幼虫脱果前进行诱杀。

越冬幼虫脱果前（一般在8月中旬前）在主枝主干上，利用束草或麻袋片诱杀脱果越冬的幼虫。

(4) 剪除被害树梢。

这项工作应在5～6月间新梢被害前及时经常进行，剪下的虫梢集中处理。

(5) 利用性诱剂等诱杀成虫。

使用梨小食心虫性外激素诱杀雄蛾，一般每亩设置2～4个，连续使用2个月。也可用黑光灯或糖醋液诱杀成虫。可结合测报工作同时进行。

(6) 药剂防治。

防治时可选用20%敌杀死乳油、20%速灭杀丁乳油、5%来福灵乳油等药剂。

五、小蠹虫类

1. 为害状识别

原发地为欧洲，北美洲也普遍发生，国内主要分布于新疆。寄主树种有梨、杏、苹果、巴旦杏、桃、樱桃、酸梅、海棠、李、榆等。在新疆南疆以杏、巴旦杏、榆树受害严重,在新疆的北疆地区和脐腹小蠹混合发生,以榆树受害严重。主要以幼虫在树皮下咬蛀子坑道,造成韧皮部和木质部分离,使水分、养分输送受阻,轻者树叶发黄,重者枝叶干枯,甚至整株死亡。成虫咬蛀侵入孔和羽化孔,多引起病菌侵入诱发烂皮病和流胶病。皱小蠹的危害使果树衰退,果品产量和质量下降,果农经济收入减少(如彩图54所示)。

2. 形态识别

皱小蠹属鞘翅目,小蠹虫科。

皱小蠹卵为长圆形,长0.3～0.6 mm,初产时乳白色透明,卵化前变为卵黄色。初孵幼虫体长0.35～0.5 mm。头部黄褐色,其余乳白色。取食后腹部背面淡棕色。老熟幼虫体长3～4 mm,胸部膨大。

蛹体长2.2～3.0 mm,初化蛹时乳白色,复眼鲜红色,后逐渐变为黑色。蛹的腹部背面生有两排纵向排列的刺状突起。母坑道长度12～44 mm,平均19.7 mm,母坑道为单纵坑,方向常与树枝或树干呈平行分布,偶有倾斜。子坑道长度30～45 mm,在母坑道两侧伸展,纵横交错。子坑道末端有1个靴形蛹室,蛹室长3.5～3.8 mm,宽1.3～1.5 mm(如彩图55所示)。

成虫雌性体长2.7～3.0 mm,雄性体长2.0～2.1 mm。全身黑色,无光泽(如彩图56所示)。两性额部相同,额毛细柔舒直,均匀疏散。触角锤状,黄褐色。足的跗节黄褐色。前胸背板前缘和鞘翅末端略显红褐色,前胸背板长大于宽,侧缘有边饰,背板上密布刻点,刻点深大,两侧和前缘部分刻点与刻点相连,构成点串。鞘翅长度为前胸背板长度的1.5倍,前翅长度是两翅合宽的1.4倍。背面观鞘翅侧缘自基部向端部在延伸的同时,逐渐收缩,尾部显著狭窄。鞘翅上刻点略凹陷,沟中的刻点和沟间刻点均为正网形,深大稠密,排列规则。鞘翅上的茸毛短齐竖直形如刚毛,排成稀疏的纵列。腹部腹面收缩缓慢,常与鞘翅末端形成一侧,视时锐角状。第1和第2腹板连合弓曲,构成弧形腹面,腹面上散布平齐竖立的刚毛,各腹板无特殊结构。

3. 发生规律

皱小蠹在新疆一年发生两代,以幼虫(老熟幼虫和幼龄幼虫)在韧皮部与木质部之间的子坑道末端越冬。越冬老熟幼虫于翌年4月上旬开始化蛹,4月下旬开始羽化为成虫,至7月上旬为羽化末期。5月上旬雌虫产卵,卵期平均11天,5月中旬出现第一代幼虫,幼虫危害30天左右,经预蛹期3～4天,进入蛹期,蛹历期10天左右于6月下旬羽化为成虫,6月底、7月初开始产卵,卵期平均8天,孵化后幼虫发育缓慢。10月下旬、11月上旬幼虫进入越冬状态。因皱小蠹越冬幼虫中有老熟幼虫和幼龄幼虫,故林间存在世代重叠现象。

4. 小蠹虫类的综合防治措施

(1) 精心管理果园和林木。

适时采取灌溉、松土、除草、施肥、修枝等营林措施提高树木生长势,增强树木自控能力,预防小蠹的发生和为害。

新建果园要远离榆树林,果园周围不用榆树作防护林带。及时伐除衰退的果树林木,并运出果园或林分之外进行剥皮处理,将剥下的树皮焚毁。剥皮场所和剥皮后的木材要喷洒杀虫剂2.5%敌杀死乳油1000倍液。

(2) 设置饵木诱杀成虫。

设置饵木诱集小蠹成虫,直接扑灭,同时伐除虫害木。

4月下旬至5月下旬和7月下旬至8月下旬,在果园中采伐少量衰弱树作诱木,每800 m² 放设1～2根诱木,诱木上新的子坑道出现幼虫且未化蛹时,将饵木剥皮杀灭幼虫。在成虫羽化期(4月上旬至5月下旬或7月下旬至8月下旬)在果园或林分内悬挂皱小蠹聚集激素诱捕器,或皱小蠹聚集激素粗提物诱捕器,诱捕皱小蠹成虫。多毛小蠹虫设置饵木(第1次不迟于4月,第2次不迟于7月)集中消灭。

(3) 化学防治。

分别在4月下旬、7月中旬和9月中旬三个成虫羽化高峰期,在枝干喷洒高效低毒低残留的杀虫剂杀灭成虫,可选用2.5%敌杀死乳油或10%天王星乳油3000倍液,绿色威雷200～300倍液等长持效期农药。药泥涂干:可用菊酯类农药掺入麦草及泥土,加水和成药泥涂抹树干。每千克药泥含药剂原液0.2～0.5 g,从3月下旬开始涂抹,药泥厚度为1 cm以上。

(4) 生物防治。

保护并利用四斑金小蜂、郭公甲等天敌,避免滥用农药。

六、天幕毛虫

1. 为害状识别

天幕毛虫又叫天幕枯叶蛾、带枯叶蛾、顶针虫、杏毛虫、毛毛虫等，新疆的南北疆地区均有分布，北疆多于南疆；另外还分布于黑龙江、吉林、辽宁、北京、河北、山东、江苏、安徽、河南、湖北、甘肃、内蒙古等地，为害梨、苹果、桃、杏、核桃、樱桃、杨、榆等树种。食性很杂，但以为害杏叶为主。幼虫刚孵化时群集于一枝，吐丝结成网巢，食害嫩芽、叶片，随长大渐向下移至粗枝上结网巢，白天群栖巢上，夜出取食，5龄后期分散为害，严重时把全树叶片吃光，导致树势衰弱，造成减产。

2. 形态识别

天幕毛虫属鳞翅目，枯叶蛾科。

卵：圆筒形，灰白色，200～300粒环绕在小细枝上，粘结成一圈呈"顶针"状（如彩图57所示）。

幼虫：体长53 mm左右，头蓝色，有两个黑斑，体上有十多条黄、蓝、白、黑相间的条纹（如彩图58所示）。

蛹：椭圆形，长约19 mm，上有淡褐色短毛（如彩图59所示）。

茧：黄白色，表面附有灰黄粉（如彩图59所示）。

成虫：雌虫体长20 mm左右，翅展40 mm左右，黄褐色，前翅中央有一条赤褐色横带，其两侧有淡黄色细线（如彩图60所示）；雄虫稍小，黄白色，翅展30 mm左右，前翅中部有两条深褐色横线（如彩图61所示）。

3. 发生规律

天幕毛虫在新疆一年发生一代，以卵在果树枝梢上越冬，卵内已有发育的小幼虫滞育。新疆越冬卵于翌年3月下旬孵化，翌春杏展叶时（日均温11 ℃），幼虫钻出卵壳先为害卵附近的芽和嫩叶，幼虫稍大后转到枝杈处，吐丝结网成天幕状，故名天幕毛虫。幼虫发育期约一个半月，至5月下旬连缀叶片结茧化蛹，蛹期15～16天。成虫于6月上旬开始羽化，交尾、产卵后，以卵越冬。天幕毛虫6月在卵内已发育成幼虫，但并不卵化破壳而出，而以小幼虫在卵内滞育越夏和越冬。

初孵幼虫群聚卵块附近，剥食叶片，随着龄期增大，取食量增大，较大幼虫一般多在晚上活动取食。幼虫活动期,有群聚吐丝结网习性。老熟幼虫分散活动,将叶片连缀起来,在内吐丝结茧化蛹。蛹茧两层,外层松软,内层较坚韧(如彩图62所示)。

4.防治方法

(1)农业防治。

冬剪时剪除带卵块的枝条,集中烧毁或深埋。

(2)人工捕捉。

根据幼虫吐丝结网,在网内集中取食习性,采用人工捕捉,特别是在形成大而明显的巢幕时,以棍棒卷取网幕,可集中消灭其内幼虫。

(3)灯光诱杀。

在7月上旬到中旬期间可以利用黑光灯,诱杀黄褐天幕毛虫成虫。

(4)生物农药或仿生农药杀灭。

幼虫大面积发生,虫口密度较大时,可以利用生物农药或仿生农药,如阿维菌素、Bt、灭幼脲、烟参碱等喷雾的方法控制虫口密度,降低种群数量,减轻为害程度。

技能训练

实训7-1　杏害虫的识别及药剂防治试验

一、目的与要求

1.掌握杏主要虫害的识别方法,能从虫害形态特征及为害状两方面准确识别当地主要虫害。

2.掌握农药田间药效试验方法,学会合理用药。

二、材料与用具

1.杏仁蜂、介壳虫类、蚜虫、梨小食心虫、小蠹虫类、天幕毛虫及其他当地常见害虫等针插标本,液浸标本,玻片标本及为害状标本。

2.放大镜、体视显微镜、显微镜、镊子、挑针、载玻片、培养皿等。

3.供试药剂、喷药、配药和盛药的各种工具,喷药标签、记录本等。

三、实训内容

1. 室内杏害虫的识别

（1）梨小食心虫类识别。观察食心虫成虫的体形、颜色及前翅特征；幼虫的体形、头部、前胸背板、腹板和腹节的形状及颜色，胴部的色泽、腹足、尾足的趾钩数目；幼虫为害果实的症状特点；卵的形状和颜色等。

（2）蚜虫类识别。观察形态特征和为害状。

（3）当地杏其他重要害虫识别，观察其形态和为害状。

2. 果园虫害的识别

（1）选择夏季虫害种类较多时，现场观察鉴别。

（2）结合果树生产技术的其他实训内容随时观察鉴别。

3. 果园药剂防治试验

在杏虫害室内外识别的基础上，以某一种虫害为代表，通过果园药剂防治试验，确定药剂品种和防治方案。现以梨小食心虫药剂品种比较试验为例说明如下：

选择上年梨小食心虫发生较重的果园，分成2个试验区段（即重复2次），每个区段按试验处理数（供试药剂品种数）划成小区，每小区15株树。第二区段按逆向顺序排列。将该果园防治梨小食心虫常用药剂设为标准对照药剂。喷药前每小区中间固定3株调查树，每株树定果100个以上，每个处理（药剂）重复2次，共定果600个左右。同时用放大镜检查固定果上的蛀入孔数，并随即用玻璃铅笔将蛀入孔圈起。检查完以后在当天或第二天喷药。当代卵发生期结束后，调查固定果，凡有新增蛀入孔的果实即作为虫果计算，否则都算作好果，然后按以下公式求出好果率，作为选用药剂的依据。

好果率=好果数/检查总果数×100%

四、实训提示和方法

1. 实训时间可选择夏季果园害虫种类多时进行，先室内识别，再果园现场鉴别，最后进行药剂试验。

2. 室内识别应充分利用彩图、课件、VCD等多媒体教学手段，力求达到准确识别。

3. 不同害虫药剂防治效果的调查方法及计算公式不同，可参考有关资料进行。

五、实训作业

1. 制作当地主要害虫室内检索表。
2. 利用课外时间观察果园主要害虫各虫态形态特征及为害状,制作苹果常见害虫检索表。
3. 设计某种害虫药剂防治效果试验。

任务考核与评价

表7-2 杏害虫的识别及防治试验考核评价表

考核项目	考核要点	等级分值 A	B	C	D	考核说明
态度	资料及工具准备充分;训练认真;团结协作;钻研问题;遵守安全规程	20	16	12	8	①考核方法:采取现场单独考核和提问方式 ②实训态度:根据学生现场实际表现确定等级
技能制作	①害虫检索 ②调查方法 ③调查工具的运用 ④调查数据处理 ⑤在规定时间内,能通过害虫的任一形态或为害状识别若干害虫	30	24	18	12	
结果	①准确分辨出常见害虫的为害症状 ②准确识别常见害虫 ③准确描述害虫的发生代数、越冬虫态、越冬地点及主要的生活习性 ④害虫数量、为害程度调查结果正确 ⑤制订的防治方案周密,对生产有一定指导意义,防治效果显著	50	40	30	20	

任务7.2 病害的识别与防治技术

知识目标

调查当地杏树病害发生和为害情况,结合资料,制订合理有效的防治方案。

能力目标

掌握当地杏树常见病害种类、发病规律及综合防治措施

基础知识

一、杏流胶病

1. 主要症状

杏流胶病主要发生在主干和大枝上。在杏树树皮伤口、裂缝、剪口、钻蛀性害虫为害孔以及芽基部开始流出乳白色胶液,尤其在雨后易出现流胶现象。流出的胶体逐渐固化变为黄褐色,后渐变为红褐色。凝结病部稍肿,皮层及木质部变褐腐朽,腐生其他杂菌,树势日衰,叶小而黄,严重时枝干枯死(如彩图63所示)。

2. 发生规律

引起流胶的因素很多,冻伤易引起流胶,特别是深秋,大枝西南面白天受到太阳直射,受热膨胀,夜晚降温收缩,引起皮下组织受到伤害,春天树液流动后局部发生肿胀,破裂后出现流胶。另外,秋季多雨容易引起流胶;土壤黏重,地面积水易产生流胶;虫害、剪口、锯口和其他伤口也会引起流胶。

3. 防治办法

(1)加强栽培管理,增强树势。

合理灌水,并及时排除低洼地的积水;增施有机肥及磷、钾肥,改良土壤,不要在黏重土壤上建园;合理修剪,控制树体负载量,避免大小年,以增强树势,提高树体的抗病力。

(2)结合修剪,彻底清除被害枝梢。

集中烧毁病枝,彻底清除被害枝梢,注意消灭枝干病虫害。防治小蠹虫、天牛等

危害;冬、春季枝干涂白,预防冻害和日灼,防治蛀食枝干的害虫,减少一切伤口。

(3)药剂防治。

早春发芽前将流胶部位和病组织彻底刮除,伤口涂402杀菌素100倍液,或40%福美胂50~100倍液,或5°Bx石硫合剂进行枝干病斑治疗。将刮下的胶体清扫干净,并将其集中起来深埋或烧毁,防止再侵染。冬季修剪后,及时用清漆封闭剪口、锯口,防止水分蒸发和病菌侵入。开春后,当树液开始流动时,在树盘内挖4~5个直径30 cm、深30 cm的穴,然后用50%多菌灵可湿性粉剂300倍液灌根。根据树龄确定用药量,1~3年生树,每株用药100 g,树龄较大的每株200 g,将其稀释成300倍液灌根。开花坐果后再用相同药量灌根1次。若遇到多雨年份,只要及时排除积水,让树势得到恢复,流胶病也随之治愈。

二、杏穿孔病

1. 主要症状

细菌性穿孔病是细菌引起的病害,以危害杏叶片为主,也可危害果实和新梢。叶片感病后,初在叶背面产生淡褐色水渍状小圆斑,不久病斑呈现在叶正面,以后病斑干枯脱落,形成穿孔;受害严重时,数个病斑相连形成大的孔洞(如彩图64所示)。果实感病初期产生水渍状斑,然后病部逐渐变成褐色,凹陷,湿度大时产生黄色黏液,后期果实病斑周缘发生龟裂(如彩图65所示)。

2. 发病规律

细菌性穿孔病的病原细菌,在枝条病组织内越冬。翌年春季随气温上升,潜伏在组织内的细菌开始活动,在杏树开花前,病菌从病组织中溢出菌脓,借风雨或昆虫传播,经叶片的气孔、枝条及果实的皮孔侵入。病菌潜育期因气温高低或树势强弱而不同。当温度在25~26 ℃时潜育期约4~5天,20 ℃时约9天,19 ℃时约16天。树势强时潜育期可长达40天。温暖、雨水频繁或多雾季节有利于病害的发生;树势衰弱、通风不良及偏施氮肥的果园发病较重。品种间抗病力有差异,一般早熟品种较晚熟品种抗病。

3. 防治方法

(1)精心挑选栽植品种,避免果树混栽。

新建杏园要严格选用无病果苗,同时要远离桃、李等老果园,尽量避免果树混栽,以免病菌在不同寄主上传染,给管理和防治带来更多困难。

(2)加强栽培管理,增强树势。

冬季结合修剪,彻底清除枯枝、落叶、落果,集中烧毁,以减少越冬菌源。注意果园灌水、排水,降低果园湿度。合理修剪,使果园通风透光。增施有机肥,避免偏施氮肥,使果树生长健壮,提高抗病力。

(3)药剂防治。

杏树发芽前一周,喷45%晶体石硫合剂30倍液,或1∶1∶100倍式波尔多液,或30%绿得保胶悬剂400~500倍液;发芽后喷72%农用链霉素可溶性粉剂3000倍液,或硫酸链霉素4000倍液,或机油乳剂(代森锰锌∶机油∶水=10∶1∶500),除对细菌性穿孔病有效外,还可防治蚜虫、叶螨及部分介壳虫。

三、杏根腐病

1. 主要症状

杏树患根腐病后,地上部症状可分为3种类型。

(1)叶片焦边型。

此类型主要表现在当年生新梢上,叶尖和边缘焦枯,叶片中部保持正常绿色,树势衰弱,生长缓慢,严重时叶片变黄脱落,但结果比较正常,因此不易引起注意。

(2)枝条萎蔫型。

病株萌芽后,前期生长正常,但新梢长到10 cm左右时,叶片变小而色淡,并向上卷曲,生长势逐渐减弱,继而弯曲,叶片表现失水症状,2~3天后凋萎死亡。

(3)凋萎猝死型。

此类型主要发生在高温多雨季节,发病迅速。一般春季枝梢生长结果正常,到夏季高温多雨季节,突然全部枯死。此类多发生在重茬苗圃地和新定植的园内,为害程度较重。地上部发病时间,一般从5月上旬开始,延续到8月中下旬。

2. 发生规律

杏树根腐病一般从5月上旬在地上部开始表现症状，一直延续到8月中下旬。该病多发生在衰老杏园及管理粗放、树势衰弱的杏园内。杏树根腐病菌通过雨水及土壤传播，先从须根侵入，发病初期，须根出现棕褐色圆形小斑，随着病情的加重，病斑加大，连接成片，并传染主根、侧根，进而开始腐烂。病株部分新梢萎蔫下垂，继而叶片失水或焦枯，韧皮部变褐，木质部坏死、变黄或腐烂。3～5天后重病树部分或全部青枯，叶片提前脱落，严重者树体死亡。在苗圃地内发生时，造成苗圃内苗木成片死亡，降低育苗效果。在树势旺盛土肥水管理条件好时，树体不发病。一旦树势衰弱，土肥水管理技术跟不上时，则发生病害。

3. 防治办法

避免在黏重地、涝洼地和果园重茬地建园，不宜在大树行间育苗。苗木调引和栽植前，进行消毒，用药剂浸根或全株浸泡。常用的药剂有波美4°的石硫合剂，100～200倍硫酸铜，100～200倍45%的代森铵水溶液。将苗木浸泡5～10分钟，浸药要均匀周到。再者要加强管理，改善栽培条件，实行生草栽培，适时浇水和及时排水，防止水土流失，树体合理负载，加强地上部病虫害的防治，增施肥水，增强树势，提高树体抗病能力。对有根腐病史的杏树，可在4月下旬至5月上旬，用200倍硫酸铜等药剂灌根。对于已发病的植株，如果是大树，在树冠下距主干50 cm，挖深、宽各30 cm环状沟，灌入杀菌剂，然后再将原土回填。

如果是幼树，则在树根范围内，用铁棍扎眼，深达根系分布层，在眼中灌入药剂。常用药剂有波美2°的石硫合剂，200倍硫酸铜，200倍等量式波尔多液，或200倍45%的代森铵，每株用量：大树为15～20 kg，幼树5～10 kg。对重病区的幼龄树可轮流用药治疗，即在4月中下旬，对当年发病植株用200倍硫酸铜或200倍等量式波尔多液灌根，6月中下旬后，用200倍45%的代森铵乳油灌根，进入高温多雨季节，用波美2°～4°的石硫合剂灌根，落叶前后及第2年春季连续治疗，效果较好。

四、杏树根癌病

该病主要分布新疆乌鲁木齐、昌吉、伊宁、霍城、阿克苏、哈密等地。主要危害葡萄、杏、桃、枣、李、樱桃、梨、苹果、核桃等138科1193种植物。

1. 症状特点

该病主要发生在果树根颈部,也发生于侧根和支根,根部被害后形成癌瘤。开始时很小,随植株生长不断增大。瘤的形状不一致,通常为球形或扁球形(如彩图66所示)。瘤的大小不等,小的如豆粒,大的似胡桃和拳头,最大的直径可达数十厘米。在苗木上,癌瘤绝大多数发生于接穗与砧木的愈合部分。初生时为乳白色或略带红色,光滑,柔软,后逐渐变褐色到深褐色,木质化而坚硬,表面粗糙或凹凸不平。患病的苗木,根系发育不良,细根特少。地上部分的发育显著受到阻碍,结果生长缓慢,植株矮小。被害严重时,叶片黄化,早落。成年果树受害后,果实小,结果寿命缩短,发病严重的全株枯死。

2. 发生规律

杏树根癌病病原属细菌性病害,为根癌土壤杆菌。根癌病菌为土壤习居菌,能在土壤中或癌瘤组织内越冬。病原细菌大多存在于癌瘤表层,当癌瘤组织被分解后,细菌被雨水冲洗,进入土壤,在土壤中病菌能存活1年以上。雨水和灌溉水为传病的主要媒介。此外,地下害虫在病害传播上也起着一定的作用。苗木带菌是此病远距离传播的主要方式。

病菌通过伤口侵入寄主。凡修剪、嫁接、扦插、昆虫或其他人为因素所造成的伤口,都能成为病菌侵入的途径,癌瘤发展到后期,一方面内部细胞大量增殖;同时外表不断有被毁的细胞组织脱落。大量的细菌也随同这些组织的脱落而进入土中。

3. 防治方法

(1)适当选择苗圃的场地。

应选择未发现过根癌病的土地作为苗圃;老果园、老苗圃,特别是曾经严重发生过根癌病的老果园和老苗圃不能作为育苗的场地。

(2)改进嫁接技术。

嫁接苗木最好采用芽接法,以避免伤口接触土壤,减少感病机会。

(3)苗木的检查和消毒。

对嫁接用的砧木,在移栽时进行根部检查,出圃苗木也要经过严密的根部检查,发现病苗,应予淘汰。对于输出的苗木或外来的苗木,都应在未抽芽前将嫁接处以下的部位,用1%硫酸铜浸5分钟,再移浸于2%石灰水中1分钟。

（4）病瘤处理。

在定植后的杏树上发现病瘤，应彻底刮除，再涂石硫合剂渣子或波尔多浆保护。刮下的癌瘤，应随即烧毁。

（5）改变土壤反应。

碱性土壤有利于发病，应适当增施酸性肥料如硫酸铵等，以改变土壤反应，使其不利病害发生。

此外要注意防治地下害虫及避免果树根部受伤，防止病菌侵染。

五、杏树腐烂病

1. 症状特点

杏树腐烂病主要为害枝干。从初春至晚秋均可发生，以4~5月发病最盛，危害最重。症状分溃疡型和枝枯型两种，基本同于苹果树腐烂病（如彩图67所示）。多以树干枝杈、剪锯口、果台部位居多，有时也会侵害果实。发病初期，病斑呈圆形或椭圆形，红褐色，水渍状，略隆起，边缘不清晰，逐渐组织松软，手指按压病部下陷，常有黄褐色汁液流出，以后皮层湿腐状，嗅之有酒糟味。病皮易剥离，内部组织呈红褐色，后期病部失水凹陷、硬化，呈灰褐色至黑褐色，病部与健部裂开，病皮上产生很多黑色小粒点（病菌的分生孢子器）。但天气潮湿时，从分生孢子器中涌出的卷须状孢子角呈橙红色，秋季形成囊壳。发病严重时，病斑扩展环绕枝干一周，树体受害部位以上的枝干干枯死亡（如彩图68所示）。

2. 发病规律

以菌丝、分生孢子座在病部越冬。翌春产生分生孢子角，经雨水冲溅放射出分生孢子，随风雨、昆虫传播，从伤口侵入，潜伏为害。杏树腐烂病从初春至晚秋均可发生，以4~6月发病最盛。地势低洼，土壤黏重，施肥不足或不当，尤其是磷钾肥不足、氮肥过多，负载量过大或受冻害均易诱发腐烂病。

3. 防治方法

（1）加强栽培管理。

要增施有机肥，协调氮、磷、钾肥比例，注意疏花疏果，使树体负载量适宜，注意减少各种伤口，减少病菌侵染机会。增强树势，合理负担，提高抗病能力。

(2)消灭病原菌。

及时清除园内死树和死枝,集中烧毁,及时收集病皮病屑,带出园外烧掉,防止传染。

(3)药剂治疗。

对大块病斑宜采取刮治法,然后涂抹黄泥(黄泥 1 kg,水 500 g,废机油 500 g,福美胂 50 g)。用"灰铜油高锰酸钾溶液"治疗果树腐烂病,疗效显著。该配方药剂具有较强的杀菌力,渗透性好,性质稳定,愈伤组织形成快,耐雨水冲淋,药效持久,治疗效果好(配方:硫酸铜 1000 kg,生石灰 2000 kg,机油 8 克,高锰酸钾适量)。

(4)保护治愈病斑。

等腐烂治愈后,为防止大块病斑的木质烂掉,可用铅油将病斑涂上。

技能训练

实训 7-2　杏主要病害识别

一、目的与要求

(1)掌握杏主要病害的识别方法,为果园病害防治奠定基础。

(2)准确识别当地杏主要病害 5 种以上。

二、材料与用具

材料:杏病害症状标本和病菌玻片标本。

用具:显微镜、放大镜、挑针、刀片、滴瓶、载玻片、盖玻片、培养皿等。

三、实训内容

1.杏枝干病害识别

观察杏树腐烂病的病状特点,病皮表面产生黑色小粒点的情况和孢子角的释放。镜下观察病菌的子囊壳、子囊孢子、分生孢子器及分生孢子的形态特征。

2.杏果实病害识别

在镜下观察果实病害的症状,病原菌形态特征。

3.杏其他病害识别。

四、实训提示和方法

1. 病害识别以室内集中观察识别为主,结合果园病害防治及其他实训项目全年进行。

2. 除标本外,注意利用其他媒介如彩图、幻灯、影像资料扩大识别范围,巩固记忆。

五、实训作业

1. 制作当地杏主要病害检索表。
2. 调查杏某一病害发生特点。

任务考核与评价

表7-3　杏病害的识别及防治试验考核评价表

考核项目	考核要点	等级分值				考核说明
		A	B	C	D	
态度	资料及工具准备充分;训练认真;团结协作;钻研问题;遵守安全规程	20	16	12	8	①考核方法:采取现场单独考核和提问方式 ②实训态度:根据学生现场实际表现确定等级
技能操作	①病害检索 ②调查方法 ③调查工具的运用 ④调查数据处理 ⑤在规定时间内,能通过症状识别若干病害	30	24	18	12	
结果	①准确识别常见病害 ②准确描述常见病害的发生发展规律 ③制订的防治方案周密,对生产有一定指导意义,防治效果显著	50	40	30	20	

任务7.3 其他灾害防治技术

知识目标

了解自然灾害发生时期和特征。

能力目标

掌握当地影响杏树生长的自然灾害的防控技术。

基础知识

一、低温伤害及防控技术

新疆全自治区的冻害几乎每十年发生一次,次数虽然不多,但是受害比较严重。尤其是在杏树上,冻害成了生产上必须解决的问题。杏树上的冻害主要有以下三种。

1.初霜冻害

杏树受初霜冻危害发生在秋末冬初,主要是受冷空气活动而形成的,由较强的冷空气或寒潮入侵造成,此种情况在北疆较易出现。北疆塔城地区一般在9月下旬,伊犁河谷和沿天山一带在10月上旬,巴里坤盆地9月上旬,南疆东北部为10月下旬。初霜冻出现时,杏树生长已进入后期,但生长并未停止,所以常常引起杏树和幼树的新梢、枝叶皮部受冻,若木质部较轻,霜冻过后枝叶干枯,轻者第一年很快恢复,重者则严重影响次年的生长发育甚至出现死亡。

预防初霜害措施:在杏树生长前期,加强水肥管理,促进杏树迅速生长,组织健壮;在生长后期增施磷钾肥,注意控制灌水,摘心,促进枝条木质化,提高杏树越冬能力。

表7-4 杏树冻害等级划分

级别	冻害程度	冻害表现			
		花芽	枝条	主干	产量
Ⅰ	轻度	全树20%以下的花芽受冻后由紫红褐色变为深褐色或黑色,部分为深褐色或黑色	正常	正常	轻微影响
Ⅱ	中度	全树21%~50%的花芽受冻后心部死亡,由紫褐色变黑褐色	皮层组织变黄褐色或深褐色,形成层变黑,部分一年生枝死亡	正常	因冻害减产50%以下
Ⅲ	重度	全树51%以上的花芽受冻后变黑死亡	皮层组织和形成层变黑死亡,部分多年生枝死亡	部分受冻	因冻害减产50%以上

2.休眠期冻害

休眠期冻害是指杏树在严冬季节发生的冻害,致使根颈、根系、树干、树皮、枝条、芽眼等部位冻伤或冻死。

冻害表现的症状:花芽冻害,表现为花芽心部变褐色或干枯死亡;枝条冻害,组织变为褐色,或枝条失水后干枯死亡;枝干冻害,枝干受冻后,皮层组织变为褐色,或皮层与木质部脱离。冻害易诱发腐烂病、流胶病,严重时干枯死亡。

预防休眠期冻害的措施:在选择园地时,山区注意选择适宜的气候区域,在排水良好、防风好的地段建园。建园时应同时或提前栽植防护林带,以改善气候条件,选抗寒性强的砧木和品种。秋季注意控水,提高树体的抗寒性。对1~2年生的幼树可埋土防寒。

3.早春晚霜冻害

新疆早春季节3~4月冷空气活动频繁,霜冻也常常结束较晚,这对休眠早、开花早的杏树来说,危害严重。在花瓣出现期的花蕾期,耐寒力比较强,但当气温降到3℃以下时,细胞就会受冻,花朵干枯脱落,幼果的抗寒性最差,气温降到-3~-1℃时,会造成大量的落果和减产,甚至绝收。因此,倒春寒是对杏树生产的严重威胁,应加强杏树的防护(如彩图69、70所示)。

为预防晚霜冻害的发生,应采取以下措施:

(1)选择园址。

一般低洼地、山谷底部容易积累冷空气,造成晚霜冻害;而在山梁、丘斜地和阳坡地栽杏树,空气流通,冻害发生概率较小。因此,建杏园时一定要避开容易造成霜冻的低洼地、山谷底部。此外要选择开花期较晚、花期抗冻的优良品种。一般各地晚霜的发生均有一定规律,因此,选择开花期较晚的优良品种,花期可避开晚霜。

(2)早春花期灌水。

早春花期灌水,可增加土壤和空气湿度,缓和杏园温度剧烈上升,也可推迟开花期2~3天。春季杏树开花前10天进行灌水,可显著降低地温,延迟发芽,发芽后至开花前再灌水1~2次,一般可延迟开花3~4天。在晚霜来前灌水可减缓气温降低,预防和减轻冻害。

(3)树干涂白或包扎,根颈埋土。

杏开花前20天进行主干及主枝涂白可减少对太阳热能的吸收,延迟发芽和开花。根颈为易受冻处,可在入冬前培土保护根颈,对风口处的杏园除根颈覆土外,主干可用麻袋片、布条、毛毡、稻草等防寒物进行包扎保护处理。杏树涂白的部位从基部到1.0~1.5m处为宜(树干涂白即给果树刷上一层白色涂白剂,可增强反射阳光能力,使日夜温度变化稳定,避免日"烧"夜冻,又能杀死隐藏在树干的病菌、虫卵和成虫,如彩图71所示)。据调查,涂白主干及主枝可以延迟花期3~5天。涂白剂配方:生石灰10 kg、硫黄粉1 kg、食盐1 kg、植物油0.1 kg、水20 kg。萌芽前全树喷施一定浓度的生长调节剂,如B9、乙烯利、萘乙酸可延迟芽的萌动,如萘乙酸钾盐(浓度250~500 mg/kg)溶液,可抑制芽的萌动,延迟花期5天左右。在主干上刷白,可反光、散热,降低树干温度,同时在杏树根颈处埋冰,推迟土壤化冻,也可延迟杏树开花2~3天。

(4)人工改善果园的小气候。

熏烟能够减少土壤热量的辐射散失,同时烟雾颗粒吸收水蒸气,使其凝结成水滴而释放出热量,提高气温,是预防晚霜危害最直接、最有效的方法。但是,熏烟对于-2 ℃以上的轻微冻害有一定效果,如低于-3 ℃,则防效不明显。

熏烟法:在杏园周围每亩堆草5~10堆,当晴天夜间温度降到0 ℃时,即可点火放烟,效果较好。

发烟物可用作物秸秆、杂草、落叶等能产生大量烟雾的易燃材料。也可以使用防霜烟雾剂，其配方是硝铵20%～30%，锯末50%～60%，废柴油10%，细煤粉10%，混匀后装入袋中备用。

二、高温防控技术

在高温干旱的情况下，叶片的光合作用降低，呼吸作用反而加强，叶片的衰老速度加快，特别是内膛叶和枝条基部的叶片，在营养和水分不足的情况下逐渐变黄脱落，还会使果树的根系吸收能力减弱，从而导致树体缺硼、铁等多种生理病害的加重。高温干旱还造成表层根系大量死亡。灌溉条件差或灌水不及时往往造成树体大量失水，导致根系死亡，直至整个树体的死亡。

杏树的花期遇高温干旱异常天气，由于气候干燥，杏树花粉发芽和花粉管生长受到抑制，造成坐果率降低。杏树的幼果期温度过高会使幼果生长加快，使果实横径比纵径生长快，因而果形变扁，果形指数降低。杏树的花芽分化期，温度高于30℃，叶片的光合效率降低，呼吸作用加强，营养积累减少，生长点的生长激素合成减少，抑制了细胞分裂，不利于花芽分化。果实成熟前遇到高温，特别是昼夜温差小时，果树的呼吸作用强，消耗大量的光合产物，果实吸收的碳水化合物不足，不利于果实着色。

此外，高温干旱容易造成果实、叶片和树皮过度蒸发，失水严重，蒸腾作用减弱，树体温度难以调节，表面温度急剧增高，造成日灼现象，使树势严重衰弱，果品产量和质量降低。

为了预防高温伤害的发生，应采取以下措施：

①因地制宜，在易发生日烧的地区选择抗高温能力较强的品种。同时杏园通过深翻改土，增施有机肥，提高有机质含量，增强土壤保肥保水的能力；也可采用穴贮肥水覆盖地膜的办法，减少水分的蒸发，使杏树的根系生长良好，达到养根壮树，提高杏树抗逆性的目的。

②加强栽培管理，合理调节负载量和叶幕微气候，增强树势。树势过弱会增加果实日烧的发生，因此加强土肥水管理，合理调节叶果比，培养中庸健壮的树势。

③培养合理的树体结构。采取适宜的修剪措施可增加果树抗高温能力。在一定范围内，应适当多留枝叶以避免树皮和果实直接暴露在直射阳光下。

④灌水。夏季高温季节,果实需要蒸腾大量水分以降低表面温度。最好采用节水灌溉装置,及时浇水,避免在树体饥渴时大水漫灌造成吸收根不适应而大量死亡,造成树体因暂时缺水而落叶现象。遇到高温干旱的年份若土壤缺水,则会加重高温日烧的发生。另外在高温天气来临前,通过喷雾式的灌溉可以使杏树树体表面温度迅速下降,有效地避免高温伤害的发生。结合叶面追肥,给树体降温,最好选择在傍晚进行。可连续喷施0.2%～0.3%的磷酸二氢钾溶液和FA旱地龙等,不但可以补充养分,而且还能够给树体降温,降低夜间温度,减少呼吸强度,有利于果实糖分积累和着色。

⑤土壤覆盖。在干旱地区用秸秆、稻草等进行地面覆盖属于一种节水灌溉措施。将麦秸草或稻草覆盖树盘,距树干0.5 m,厚度20 cm左右,表面覆少量的土,施少量氮肥。采用这种措施在夏季高温季节可降低地表温度,减少水分蒸发,减少径流,提高土壤保水能力,使根系能充分吸水供应地上部叶片和果实蒸腾散热,树体温度从整体水平下降,调节果园小气候。

三、其他灾害

1. 风害

新疆春季风最多,风速超过10 m/s时,能够吹走表层土壤,移动沙石,在吐鲁番、哈密、塔里木盆地东部地区,干旱风每年均可出现20天以上。干旱风主要使果树水分失调,新梢和叶片枯黄,花蕾凋落,花朵焦枯,幼果早落,若在杏树花期会吹干杏花柱头,损害花器官,严重影响杏树的授粉受精,从而降低产量。而在杏果实膨大期遭遇干热风,常常会吹干杏园的土壤,灼伤枝叶花果,损坏果实外观,降低商品价值,严重时引起果实脱落。

为了预防风害的发生,应该注意以下几个方面:

①避免在风口和风道地带进行建园,实在避不开应该根据当地自然条件的特点,小面积建园时设立围墙,大面积建园时,在垂直主风向营造较大规格的防风林带。

②在多风地区建园时选择一些抗风力强的杏品种,在栽植时进行适当的矮化密植,并且采用低干矮冠的整形方式。

③采取相应的栽培措施,如在干旱风季节注意果园灌水,湿润土壤,增加空气中的相对湿度。在杏树花期对花采用喷水措施,尤其是在大的沙尘天之后。

④果园播种覆盖物或者采用自然生草法,以保护土壤不受侵蚀。

2. 雹害

雹害发生时间正值杏树生长期,所以危害很大,一般会打破叶片、树皮和枝条。雹害严重时,杏树叶和果实全部被打落,当年虽然又会长出新叶,但是树势明显衰弱,第二年表现出花期推迟、产量降低等现象,所以杏树遇到雹害时不仅会影响到当年的产量,甚至1~2年树势也无法恢复。

为了预防雹害的发生,可采取以下措施:

①对于枝干上的雹伤,及时喷洒波尔多液或者白石灰乳剂预防细菌侵入伤口为害。

②果实上产生的伤口,对于大伤口的果实及时摘除,避免果实腐烂传染病虫害;小伤口的果实伤口可以愈合,正常成熟。

③冰雹打断或者打伤的杏树枝,应该在断伤处进行修剪削平,并且涂抹、喷洒波尔多液或者白石灰乳剂,加以保护。

④受到雹伤的果园应该加强肥水管理,促使其健壮生长,以利于恢复树势,为来年生产做好准备。

3. 雪害

在杏树越冬期间常常会发生积雪压劈、压断树枝现象。某些年份在有些地区会在杏树花期、幼果期出现大面积降雪,雪水的冻融交替、冷热变化不仅影响杏树的授粉受精,而且很容易会冻坏花器、幼果,严重时甚至会造成减产和绝收。

为了预防雪害的发生,应该注意以下几个方面:

①大量降雪后要及时震落树上的积雪,避免压伤树干。

②花期或者幼果期降雪后,对未受冻的花朵进行人工授粉,来保证当年的产量。

③在雪后及时灌水,缓和土壤温度减少冻害,促进树体树势的恢复。

④在进行整形修剪时,注意选留基角大的枝条作为主枝,坚固树体,避免休眠期积雪为害。

4. 鼠兔和牲畜为害

一些杏产区杏园受到鼠害、兔害和牲畜为害现象严重,新栽植的幼树常常因为老鼠咬伤根系而死亡,造成严重缺株,成龄大树因为鼠咬伤根部而生长缓慢,最后整株死亡。此外,野兔和牲畜主要啃食杏树树皮,深达木质部,伤口巨大无法愈合,最后也会严重影响树势。

为了预防鼠兔和牲畜为害的发生,可采取以下措施:

①在老鼠洞口投放毒饵,毒饵采用白面10份,用适量的水调成浆糊状,加入一份磷化锌,制成10%的磷化锌毒糊,将胡萝卜、红薯剪成5~8 cm长的小条块,浸蘸毒糊。

②防止兔害和牲畜为害可以对树干采用涂白和缠麻绳,亦可以收集家兔粪尿刷树干,野兔闻到气味后就不会再啃食。

③对于为害严重的树干采用桥接法进行嫁接续皮。

实训7-3　杏树防寒与冻害调查

一、目的与要求

果树冻害等灾害在我国各地都有发生。其发生的原因主要与气候条件、果树种类、品种的耐寒性以及栽培管理有密切关系。

通过防寒和冻害调查操作,要求学会防寒技术措施,预防杏树冻害;了解各种果树冻害在不同部位的表现和当年冻害的程度、特点;分析冻害发生的原因和规律,提出减轻和防止冻害的有效途径和措施;冻害调查的方法。

二、材料与用具

材料:一般果树、杏树或桃树、稻草、涂白剂。

用具:显微镜、放大镜、刷子、锹、手锯、修枝剪、卡尺、钢卷尺,并应准备当地有关气象资料。

三、实训内容

1. 直立果树的防寒具体操作方法。

防寒时期,在土壤封冻之前。具体时间在北疆,均为10月下旬到11月上旬,即霜降前后。不同地区可以根据当地、当年的气候条件而定。

(1)适时灌水。北方果树在土壤结冻之前灌一次封冻水,有助于土壤的保温。并可防止土壤的干旱和裂缝。灌水的时期以在土壤开始结冻期效果最好。

(2)枝干涂白。枝干涂白,可以减缓树体内因日光直射而引起的温度激变。预防日烧常采用此方法。秋天在落叶后即可进行涂白。

(3)树体包草。杏树在越冬前,将树干和主枝的基部用草包住,目的在于防止日光的直射,避免树体温度的激变。包草时,最好将主干以及主枝分叉处都包起来,避免枝叉处受冻。包草之后,根颈处用土培起来。

(4)幼树根颈培土防寒。在越冬前对幼树根颈处培土,土堆高30 cm左右,或者在树北面做1 m长、40 cm高的半圆形土围子防寒。

2. 萌芽前及萼片露出后进行冻害调查。

(1)普遍观察各树种品种的越冬情况。

(2)在确定的树种品种中选择有代表性的典型植株,在树冠的上、下、内、外和四周选择有代表性的主枝或侧枝进行详细调查。

(3)根据冻害发生特点,确定重点调查项目,填写调查表格及统计并做文字记载。

四、注意事项

1. 取样标准和调查数量要注意典型性,数量也不可太少。

2. 除春季调查外,可在夏秋季再进行一次植株生长状况调查,以了解植株的恢复能力。

五、实训作业

1. 苹果、梨、葡萄、杏防寒工作的要点是什么?有哪些体会?

2. 根据调查要求填写原始表格,自行设计整理表格,算出能代表冻害程度的数据和百分数。

3.根据观察和调查资料,分析冻害与树种品种、嫁接方式、生长势、树龄、花芽着生部位、小气候及管理条件等方面的关系(可从中选择2~3项)。

任务考核与评价

表7-5 杏树防寒与冻害调查考核评价表

考核项目	考核要点	等级分值				考核说明
		A	B	C	D	
态度	严格按照实训要求操作,团结协作,有责任心,注意安全	20	16	12	8	①考核方法:采取现场单独考核和提问方式 ②实训态度:根据学生现场实际表现确定等级
技能操作	①初霜害预防措施 ②休眠期冻害的预防措施 ③晚霜冻害的发生规律及应采取的预防措施 ④高温伤害的发生规律及应采取的预防措施 ⑤其他灾害,如风害、雹害、雪害发生后应注意的事项 ⑥冻害调查资料	60	48	36	24	
结果	教师根据学生管理阶段性成果给予相应的分数	20	16	12	8	

参考文献

[1]廖康,殷传杰.新疆特色果树栽培实用技术[M].乌鲁木齐:新疆科学技术出版社,2011.

[2]王健,徐德源,高永彦,等.新疆优势瓜果与气候[M].北京:气象出版社,2006.

[3]新疆维吾尔自治区林业厅,新疆维吾尔自治区质量技术监督局,新疆维吾尔自治区农业科学院.杏标准体系[S].2011.

[4]郗荣庭,刘孟军.中国干果[M].北京:中国林业出版社,2005.

[5]张加延.中国果树科学与实践·杏[M].西安:陕西科学技术出版社,2015.

[6]杨建民,孟庆瑞,杜绍华,等.图解李、杏整形修剪[M].北京:中国农业出版社,2011.

[7]王玉柱,杨丽,孙浩元,等.图解杏良种良法[M].北京:科学技术文献出版社,2013.

[8]马骏.果树生产技术(北方本)[M].北京:中国农业出版社,2009.

[9]冯社章,赵善陶.果树生产技术(北方本)[M].北京:化学工业出版社,2007.

[10]马骏,蒋锦标.果树生产技术(北方本)[M].北京:中国农业出版社,2006.

[11]蒋锦标,卜庆雁.果树生产技术(北方本)[M].北京:中国农业大学出版社,2011.

[12]田世宏.果树工(初级,中级,高级)[M].北京:中国劳动社会保障出版社,2002.

[13]韩振海,陈昆松.实验园艺学[M].北京:高等教育出版社,2006.

[14]河北农业大学.果树栽培学实验实习指导书[M].北京:农业出版社,1979.

[15]王永平,郭正兵.园艺技术专业技能包[M].北京:中国农业出版社,2010.

[16]郁松林.果树工(中级)[M].北京:中国劳动社会保障出版社,2008.

[17]于江南.新疆农林害虫防治学.[M].北京:中国农业出版社,2010.

[18] 陈尚进.新疆林果病虫害及天敌图说[M].北京:人民日报出版社,2005.

[19] 徐乐,章世奎,李文慧,等.新疆16个地方杏品种特性比较[J].新疆农业科学.2012,49(12).

[20] 努尔艳·买买提.不同杏品种生物学特性对比研究[J].中国园艺文摘.2011,27(9).

[21] 孙守文,刘凤兰,王静,等.新疆杏果品质比较的研究[J].新疆农业大学学报.2011,34(3).

[22] 李永闲,廖康,胡安鸿,等.新疆轮台县和乌什县不同杏品种果实性状差异性分析[J].新疆农业科学.2011,48(4).

[23] 张婷,车凤斌,马燕翔,等.新疆主栽杏品种动态运输模拟试验[J].新疆农业科学.2010,47(8).

[24] 程卫东,吕国华,李琳,等.新疆小白杏资源的综合利用及其产业化[J].农业工程学报.2006,22(9).

[25] 杨会民,乔园园,王学农,等.杏果实与果枝分离力的影响因素分析[J].农产品加工.2015(24).

[26] 陈家华,卢春生,李利民,等.新疆第一杏——赛买提[J].新疆农业科学.1999,36(3).

[27] 张建雄,刘春惊,张保军,等.南疆杏棉复合系统条件下棉花冠层的光特性[J].干旱地区农业研究.2010,28(4).

[28] 栗媛,潘存德,王世伟.果实不同生长发育阶段轮台白杏光合特性[J].新疆农业科学.2012,49(6).

[29] 高淑然,潘存德,王振锡,等.轮台白杏叶片光谱特征及对施肥的响应[J].新疆农业科学.2011,48(11).

[30] 刘娟,廖康,安晓芹,等.不同主枝开张角度杏树冠层内果实产量和品质差异分析[J].新疆农业大学学报.2011,34(6).

[31] 薄翠萍,潘存德,王振锡,等.轮台白杏开心形树形冠内光分布特征[J].新疆农业科学.2011,48(3).

彩色插图

【图1】阿克西米西

【图2】赛买提

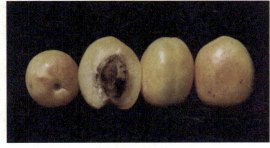

【图3】黑叶杏

【图4】佳娜丽

【图5】策勒黄

【图6】克孜尔库买提

【图8】明星杏

【图7】克孜朗

【图9】木格亚格勒克

彩色插图

【图10】阿克玉吕克

【图12】巴仁杏

【图11】树上干杏

【图13】皮乃孜(大白杏)

【图14】辣椒杏

【图15】金太阳杏

【图16】凯特杏

【图17】杏叶片

【图18】修整保护带与塑料薄膜覆盖

【图19】幼树期杏棉间作　　　　　　【图20】合理间作

【图21】生长结果期杏棉间作

【图22】花期放蜂

【图23】人工授粉(喷粉)

【图24】太阳晒干　　　　　　　　【图25】自然阴干

彩色插图

【图27】人工烘干房

【图26】人工烘房内部

【图28】杏干

【图29】杏脯

【图30】杏酱

【图31】全园撒施

【图32】杏仁蜂为害状

【图33】杏仁蜂蛹

【图34】杏仁蜂成虫

【图35】杏球坚蚧为害状

【图36】杏球坚蚧卵

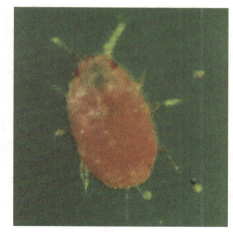
【图37】杏球坚蚧若虫

【图38】桑白盾蚧(雌虫)

【图39】桑白盾蚧(雄虫)

【图40】糖槭蚧卵

【图41】糖槭蚧(雌虫)

【图42】吐伦球坚蚧若虫为害叶片和枝条状

【图43】吐伦球坚蚧若虫

【图44】吐伦球坚蚧雌成虫

彩色插图

【图45】无翅蚜　　　　　　　　　【图46】有翅蚜

【图47】桃蚜

【图48】桃蚜为害状

【图49】桃蚜成虫及若虫

 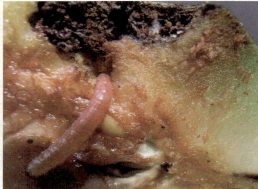

【图50】被梨小食心虫蛀食的梨果

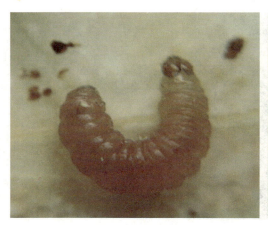 

【图51】梨小食心虫幼虫　　　　　　【图52】梨小食心虫蛹

彩色插图

【图53】梨小食心虫成虫

【图54】皱小蠹幼虫为害状

【图55】皱小蠹虫蛹

【图56】皱小蠹成虫

【图57】天幕毛虫卵块及孵化幼虫

【图58】天幕毛虫幼虫

【图59】天幕毛虫蛹及茧

【图60】天幕毛虫雄成虫

【图61】天幕毛虫雌成虫

【图62】天幕毛虫幼虫在枝条上结的网幕

彩色插图

【图63】杏树流胶病为害症状

【图64】杏穿孔病受害叶片

【图65】杏穿孔病受害杏果

【图66】杏树根癌病为害苗木根部症状

【图67】杏幼树腐烂病

【图68】杏树腐烂病

【图69】受冻的幼果

【图70】受冻的杏园

【图71】树干涂白或包扎